ヒューマンファクター

Human Factors

安全な社会づくりをめざして

日本ヒューマンファクター研究所　編

成山堂書店

推薦の言葉

ノンフィクション作家　柳田邦男

ヒューマンファクター研究と実践の時代的な意義

事故や災害の問題に関して取材・執筆の仕事を始めて半世紀以上の歳月が流れた。その活動のスタイルは、理論を組み立て、行政や企業や社会に対策を提言していく専門家と違ってはいても、事故や災害の原因を究明し、広く社会的に情報の共有をはかり、安全で安心できる社会を構築しようということを目指す点では、軌を一にしていると考えている。

そのような作家活動の中で、日本ヒューマンファクター研究所のスタッフと創設以来親しくお付き合いをさせていただいたことは、様々な学びを得る上でありがたいことだった。創設者で日本の航空医学とヒューマンエラー研究の草分けだった故黒田勲先生とは、先生が1960年代に航空自衛隊航空医学実験隊の隊長だった頃から全日空機東京湾墜落事故の原因調査などを巡っていろいろと助言を受けていたし、ヒューマンファクター研究所の現所長・桑野偕紀氏とは、氏が1980年代に日本航空の機長として安全対策の役割を努めていた頃からのお付き合いだったことから、研究所の歩みを応援団の心得でずっと見守ることになったのだ。研究所の発足から20年を経た今、振り返ってみると、その存在と活動の意味は、安全・安心な社会づくりの歴史の中で極めて大きかったし、これからますます重要性を増していくと、私は評価している。

そこでまず、安全への取り組みの歴史的な流れを概観しておきたい。

1950年代は、英国で開発された世界で最初の高々度を飛ぶジェット旅客機コメット号の連続空中分解事故の大規模な機体構造の安全性の調査とその成果に象徴されるように、機体構造強化が安全対策のメインテーマだった。1960年代から70年代になると、世界の民間航空界はいよいよ本格的なジェット時代に入り、コクピットの計器類は膨大で複雑になった。それに伴い、パイロットの判断・操作のミスや管制と乗員との交信のミスによる事故がしばしば発生するようになった。その対策としては、着陸失敗や山への衝突を防ぐためのGPWS（対地接近警報装置：Ground Proximity Warning System）の開発・導入、離陸時に誤ってスポイラーレバーを引いてもスポイラーが立たないようにする作動システムのフェイルセーフ化など、ヒューマンエラーに対する人間工学的な視点からの機器・システムの開発が多様に進められた。

1980年代から90年代になると、操縦の自動化・IT化の急速な進展に人間の対応が追いつけず、機体がキリモミ状態で落下しているのに、パイロットが窓の外を見ないで計器ばかりを見ていて異常事態を2分間も把握できないでいたとか、着陸進入時に自動操縦と手動の切り替え手順を誤って墜落するという事故が発生するなど、新しいタイプのヒューマンエラーの問題が生じた。このため、自動化システムのあり方をTechnology-centered（技術中心）からHuman-centered（人間中心）に見直す必要が生じた。

このような時代変化の中で、事故原因の捉え方や安全対策の取り組み方も大きく変わってきた。特にヒューマンエラーの捉え方、あるいは事故原因の中でのその位置づけが変わったことは重要だ。

かつて航空機の機体やシステム自体の安全性が最近のように高くなかった時代には、パイロットの判断や操作のミスによる事故が多かった。だから、事故が起こるとすぐに、「パイロットの操縦ミスか?」という視野の狭い推測が登場したものだった。しかし、ジェット旅客機の時代になって、安全性を高めるためのフェイルセーフやフールプルーフのためのシステム設計が進化するにつれて、ヒューマンエラーが生じる落とし穴が変質し、事故の原因を単に「パイロットミス」だけに絞るような捉え方では事故の真因に迫れなくなってきた。

アメリカのNTSB（国家運輸安全委員会）は、1960年代から70年代はじめ頃には、事故原因を4M（MAN, MACHINE, MEDIA, MANAGEMENT）という多様な要因の重なり合いという視点で分析する方法を導入していた。事故はそれらの諸要因の連鎖（Chain of events）で起こるものであって、事故に直結したパイロットや整備士や作業員などのミスは背景にある諸要因の連鎖のいわば結果として生じたものだという考え方だ。

1980年代半ばにICAO（国際民間航空機関：International Civil Aviation Organization）の技術委員会がまとめて加盟国に配布した「事故防止ハンドブック」の中に「Pilot errorはもはや死語である」という記述がある。これは、パイロットはミスをしないという意味ではない。事故の原因をパイロットのミスということに焦点を絞り込んでパイロットの責任を追及するという捉え方では、真に有効な安全対策を導き出すことはできない。パイロットがミスをするようなシステムの問題点を明らかにするとともに、ミスをしても事故に発展しないような事前の対策（フェイルセーフ・システムやバックアップ・システム）の有無を検証することこそが重要だという意味なのだ。

このような事故原因の捉え方の歴史的な変容の延長線で、1990年代半ばに、英国の専門家ジェイムズ・リーズン博士がそれまでの様々な安全論を集大成する形で打ち出したのが、「組織事故」という事故の捉え方だ（その著書『組織事故』は1999年に邦訳出版された）。これは、上記のアメリカのNTSBの事故原因の捉え方と基本線は同じだが、組織のからみ合いを安全文化にまで広げている。そして安全性を確立するには、事故の背景にあった様々な欠陥要因を、メーカーの設計・製造レベル、運航会社の経営層レベル、管理層レベル、現場レベルなどの各層別に明らかにして、そのつながり方を解明し、各層ごとの欠陥要因に対して対策の手を打つ必要があるというのだ。リーズン博士によるこのような事故の捉え方は、「リーズンのスイスチーズモデル」という図で象徴的に示され広く知られるようになった。

リーズン博士のこの思想は、ICAOの最新の「事故調査マニュアル（2003年版）」で全面的に採用されている。

では、ヒューマンエラーは、「組織事故」理論が広く一般的になった中では、あまり重視されなくなったのかというと、決してそうではない。人間は依然としてミスをする存在であり、事故の諸要因の中の重要な課題であることに変わりはない。変わったのは、事故の原因を現場の作業員（パイロットもその一人）に片寄せして、その人物に責任を負わせるという刑事責任追及に等しい慣習を払拭した点にある。その代わりに、事故によって露呈された組織に内在していた様々な欠陥要因を洗い出して、組織全体の安全性を高めるという合理的な思想が重視されるようになったのだ。

そして、ヒューマンファクター（特にヒューマンエラー）の問題は、組織の抱える重要な欠陥要因のひとつという位置づけで、より精度の高い分析と対策が求められるようになった。実際、ヒューマンファクターに関する理論は、この20年ほどの間に様々な進展を見せている。言い換えるならヒューマンファクターの研究と実践は、「組織事故」理論を背景に新たな意味を持つようになってきたのだ。

以上のような時代の変化を俯瞰すると、黒田先生が1998年に日本ヒューマンファクター研究所を創設されたのは、まさに先見の明があったからだと言えよう。そして、黒田先生の遺志を継いだ研究所のスタッフたちの研究と企業などへの啓発活動は、多様性があり、かつ実践直結型と言えるもので、安全で安心な社会づくりへの貢献度は高い。

ちなみに私も参加した研究所の活動の二つの事例を紹介しておきたい。

ひとつは、2001年1月に焼津市付近の上空で発生した日本航空機同士のニアミス事故で、回避指示を誤ったとして管制官の刑事責任が問われた裁判に関する活動だ。上告審になった段階で、研究所の有志メンバーが高裁の有罪判決で示された判断への異議と無罪を求める意見書をまとめて最高裁に提出した。特に議論の中心に据えたのは、多数の便が交錯する状況下で、いまだ管制指示とTCAS（空中航空機衝突防止装置：Traffic alert and Collision Avoidance System）の優先順位が現場に浸透していない時期に、秒刻みで空の交通整理（判断、指示）をしなければならない管制業務を担った管制官個々人の作業上のエラーに刑事責任を問うのは、現場に一層の緊張感を加え、かえってミスを誘発しやすくするだけであり、管制システムの不十分な点を指摘することこそ優先課題だという見解だった。これに対し、最高裁（小法廷）は、高裁判決を支持した上に、「管制官のミスはあってはならない初歩的ミス」だという旧態依然とした見解まで加えて、有罪判決を下した。ただ、裁判官一人が、システムの改善こそが優先事項であり、管制官に刑事罰を科すのは妥当ではないという少数意見を判決文に付記したことは、研究所メンバーの意見書を取り上げてくれたに違いなく、頭の古い司法界の今後の変化の端緒になるものと私たちは受け止めた。

もうひとつの事例は、2009年3月に管制官による離陸機の管制ミスが相次いで発生した時（大阪伊丹空港2件、長崎空港1件）、航空局管制保安部からの委嘱で日本ヒューマンファクター研究所が調査分析と再発防止策提言の作業に取り組んだことだ。その報告書（同年12月）は、管制ミスの問題を管制官個人の責任に封じ込めるのではなく、管制ミスが生じやすい業務上の表示類などの改善や空港内の滑走路への誤進入防止表示の新設など、ハードとソフトの両面からの数々の改善策を提言し、それを受けた航空局側は改善策を実践した。

これら二つの事例からもわかるように、ヒューマンファクター研究は、単なるミス発生防止策を考えるのではなく、システム全体の安全性向上への突破口を開く役割を果たすことを目指しているのだ。

日本ヒューマンファクター研究所の20年間の研究と実践の歩みをベースにしてまとめた本書は、これからの事故分析と再発防止策を一段と進化させ、さらに社会の安全を向上させる上で、有効な道案内人になるだろう。

はじめに

ヒューマンファクターというのは、奥も深いが非常に幅広い概念の学問である。日本ヒューマンファクター研究所はヒューマンファクターを実践的学問と捉えて、心理学（認知心理学、行動心理学など）、生理学、医学、哲学、倫理学、人間工学など、およそ人間の営みにかかわる学問すべてを包含した学問と考えている。しかもそれは学んで終わりの学問ではなく、学んだものから人間の行動を社会に役立たせるための実践的な学問であると考えられる。

このような考えからすると、ヒューマンファクターの知見はいろいろな場で使うことができる。単に工場の作業者等によるヒューマンエラーを防ぐために何をしたらよいかというようなことだけではなく、家庭の中の人間関係や教育のあり方、企業の経営に必要な人間の特性に関する知見、職場を活性化したり、スポーツで選手のやる気を引き出す方法など、あらゆる人の営みに効果を与えることのできる学問である。

多くのヒューマンファクターの研究者に今までバイブルのように読まれてきた書籍は、オランダ KLM 航空のホーキンズ機長が著した「ヒューマンファクター」と日本ヒューマンファクター研究所の初代所長黒田勲博士の「信じられない事故はなぜ起こる」であろう。この両著は、ヒューマンファクターの基礎を学ぶ者にとって恰好のガイドである。もちろん今もこの二つの著作は、これからヒューマンファクターの勉強を始めようという方たちにはよいガイドブックではあるが、一部内容が新しい理論に変わってきたものがある。

1998 年に設立された日本ヒューマンファクター研究所は、2018 年 11 月に創立 20 周年を迎え、この 20 年の研究成果を取りまとめて新しいヒューマンファクターの研究成果を発表することとなった。内容的には上記の著作にはない新しい知見が取り入れられているほか、日本ヒューマンファクター研究所独自の研究成果も数多く盛り込まれている。

本書の内容は、大きく二つのカテゴリーに分かれている。

ひとつは「ヒューマンファクターの基礎知識」を記述した部分、もうひとつはその知識に基づいて「社会安全のために」を記述した部分である。日本ヒューマンファクター研究所は、何のためにヒューマンファクターを研究しているのかというと、それは少しでも社会の安全性向上に寄与したいという願いからである。したがって、ヒューマンファクターの基礎知識に加えて、社会安全のために必要な知識も組み込んである。

大まかに言うと、ヒューマンファクターの基礎知識に該当する部分は第1章から第4章まで、第5章から第10章までは社会安全のための知見である。ヒューマンファクターの基礎だけを知りたい方は第4章までを、ヒューマンファクターについての知識があり社会安全のための知識を得たい方は第5章以下をお読みになればその目的を果たすことができるはずである。

本書が多くのヒューマンファクター研究者や実務者の参考になるものと確信し、これからのヒューマンファクター学の発展に寄与することを願ってやまない。

2020年10月

日本ヒューマンファクター研究所
所長　桑野 偕紀

目　次

第1章　人間の特性と機能

ヒューマンファクターを考えるとき、その基本となる人間の行動に関して、人間とはどのような特性を持っているか、またそれによってどのような行動をするかをよく理解することが重要である。

そのため本章ではまずそれらについて少し詳しく考えてみる。

1.1　人間の特性

1.1.1　生理学的側面と心理学的側面

ヒューマンファクターを理解するには、人間の特性を考えることが重要であり、そのためには生理学的側面と心理学的側面の両面から考察することが必要である。

(1) 生理学的側面（構造と機能の理解）

入力系：感覚受容器（視覚、聴覚［平衡感覚を含む］、味覚、嗅覚、体性感覚［皮膚感覚（温覚、冷覚、圧覚、痛覚）及び深部感覚］）

統合系：上位中枢（大脳、小脳、脳幹）、下位中枢（脊髄、神経系）

出力系：効果器（筋繊維、筋紡錘、声帯等）

これらの機能は、加齢や疲労などにより精度や速度等が変動している。疲労には、作業内容によるもの（肉体的疲労、精神的疲労）や発生時期に関するもの（急性疲労、慢性疲労）がある。

(2) 心理学的側面（機能と情緒の理解）

心的過程とそれに基づく行動を捉える側面である。

- 概日リズム（サーカディアンリズム）

  体温や呼吸と同じく人間の機能も1日の中で変化しており、夜明け前頃に行動や認知、思考などの活性度が低下しやすくなり、誤りを起こす可能性が高い。
- やる気（モチベーション）
- 集中力、注意

- 慣れ（順応、学習効果）
- 飽き（疲労とは異なる）
- 偏見　など

1.1.2　心技体

スポーツの世界でよく知られている「心・技・体」が初めて聞かれたのは、1953年に来日したフランス柔道連盟会長の「柔道とは一体何か」との問に対して、柔道家の道長伯氏が、「最終目的は心技体の錬成であり、それによって立派な人間になることである」と答えたときである。

各々の要素は次のような内容を含むとされる。

- 「心」………メンタル、精神力
- 「技」………テクニック、技術
- 「体」………フィジカル、筋力・持久力などの体力

この三つの要素の総和が人間行動パフォーマンスを表し、これらのバランスが重要である。人間が携わる業務においても、この心技体の三拍子がそろっていないと、ヒューマンエラーが発生する可能性が増えるとされる。

1.1.3　人間の基本的特性

人間には次に示すいくつかの基本特性が見られる。これは人間であれば誰でも持っている特性で、これらの特性が行動に良かれ悪しかれ影響を与えている。

(1) シングルチャネルの情報処理系

人間は同時に複数のことを判断することは難しく、ひとつひとつ順番に判断している。すなわち「一度に一つ」のシングルチャネル情報処理の原則がある。

図1-1は「ルビンの酒盃」という図と地の反転図形である。黒い部分に意識をおくと立派な盃に見え、逆に白い部分に意識をおくと向き合った二人の人間の横顔が見える。盃と人間の横顔の両方を同時に見ることはできない。

図1-1　ルビンの酒盃

例えば、車の運転中に携帯電話で話しをすると、脳内のある時点では、運転か電話かど

ちらか一方だけの処理となる。電話に夢中になると運転がおろそかになり、不注意のもととなるので、事故の可能性が増大する。したがって、現在では法令により、車両等運転中における携帯電話の使用が禁止されている。

基本的に人間の脳機能は、熟練行動についてはマルチチャネルになっている。例えば、体温調節や呼吸回数などの自動化された情報処理は、多くの処理が同時に行われている。また、歩きながら手を振りお菓子を食べるなど、熟練行動は同時に処理できる。しかしながら、上述した車の運転のごとき重要な情報処理は二つ以上のことに同時に対応することは難しい構造になっている。

(2) 最少エネルギーの法則

人間の行動は、できるだけエネルギーを使わず、すなわちエネルギーを温存して簡単に済ませようとする特性を持っている。これはいざというときのためにエネルギーを残しておこうとすることと、脳の情報処理数が多いと疲れるので、できるだけ脳を休めておこうという性質を持っているためである。楽にやろうとすることは、技術進歩の根源ではあるものの、時として手抜きの原因となることがある。

(3) 昼行性

人間の身体機能は、体内時計の活動により、元来太陽が昇っている間に活動するように設計されている。この周期性を「サーカディアンリズム」又は「概日リズム」という。図 1-2 は、体温でこのサーカディアンリズムを表示したものである。縦軸には体温を、横軸には時刻を表示している。体内活動が活発なときに体温は上昇し、不活発なときには低下すると言われている。その他に覚醒度などもこの周期に準じて変動している。これにより夜間、特に明け方は体内活動が低下するので、大きな事故が明け方に起きる割合が多いとされている。また午後 2 時から 3 時頃にかけても一時的に注意力が低下する時間帯がある。

このサーカディアンリズムは、実は 1 日を 25 時間で刻んでいるという実験結果がある。つまり人間を外界と遮断された環境下に 2 週間もおくと、1 日を 25 時間として刻んでいることがわかるという。ところが実際の 1 日は 24 時間であるため、これをどう補正しているかというと、朝起きて太陽光を浴びたときに体内時計がリセットされて 1 日が始まると言われている。

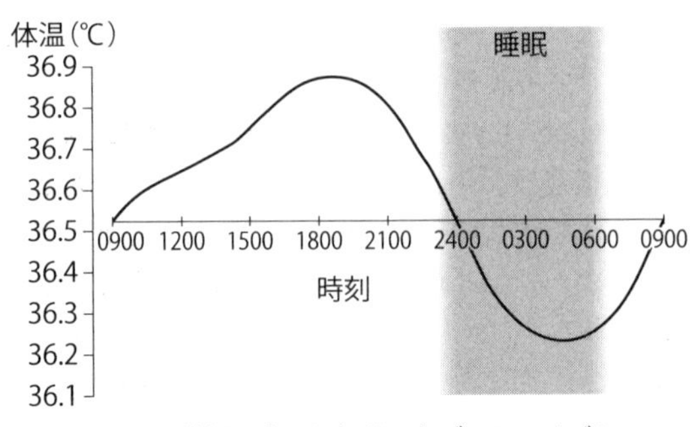

図 1-2　体温で表示したサーカディアンリズム

(4) 環境の影響

ドイツ生まれの社会心理学者 K・レビン（K. Lewin）が唱えた法則があり、

B = f（P・E）

で示され、レビンの法則と言われている。人間の行動（B: Behavior）は、人の資質（P: Personality）と環境（E: Environment）との関数（f: function）としている。

すなわち人間の行動は、個人の資質（人格）のみならず、環境にも影響される。例えば、規律・規範がしっかりと整った職場では、挨拶や服装もキッチリした行動をとる。

(5) 感情優位

人間の行動では、理論やロジックより、そのときの感情に左右される場合が多い。

(6) 脳処理機能の協働と葛藤

人間は、情報処理をする場合、3種類の脳（1.2参照、原始脳、動物脳及び人間脳）を使い分けている。各々の機能が有効に働いている場合は、極めて望ましい行動特性となる。各脳機能のバランスが崩れたり、連携がうまくいかない場合は、エラー要因が発生してくる。また自己データベースによる自己主体の情報処理が進むとエラーの要因となる。さらに本能的な行動を司る旧皮質（原始脳若しくは動物脳）と理性を司る新皮質（人間脳）は、時として競合的な情報処理となり、やはりエラーの要因となる。

人間にはこれらの特性があり、この特性を無視すると、いつかは事故や災害に発展する可能性が高い。

1.2　人間の脳

1.2.1　原始脳、動物脳、人間脳

ヒューマンファクターにおいては、人間の行動を司る脳の働きが重要な要因である。その人間の脳を生命科学から見ると、三つの脳に分けることができ、年輪型で表示すると図 1-3 のようになる。中央部分から外側へ向かって、原始脳、動物脳及び人間脳という。それぞれの特徴を表 1-1 に示す。

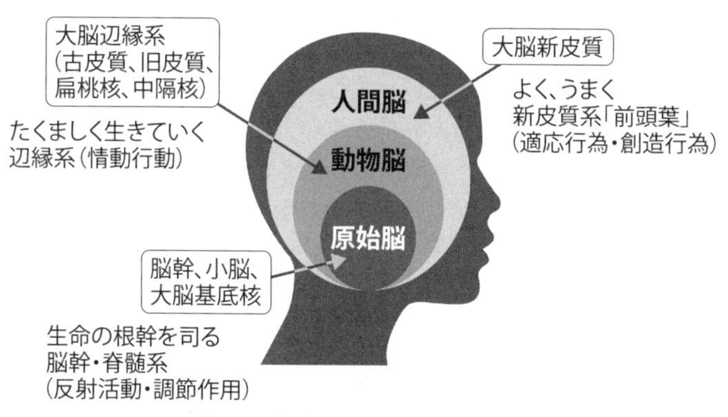

図 1-3　人間の三つの脳（年輪表示）

（1）原始脳

神経細胞が中央集権化したような働きをしていて、脊髄につながっている。4 億年前の魚類の脳にも存在し、哺乳類はもとより恐竜などの爬虫類の脳といった生物のほとんどの機能を引き継いでいる。これは生命の存否を左右する脳でもあり、食欲、睡眠欲、性欲の三大欲求をはじめ、脳死を判定する基礎的根拠となる脳幹も原始脳を代表する脳である。原始脳の代表的な特徴は、表 1-1 に示すように習熟している場合の行動を担っており、処理速度は速く疲れにくい。

表 1-1　脳内の機能と特徴

脳	意識	行動	処理	疲労
人間脳 （思考、管理）	有意識 （非自動）	知識ベースの行動 （創造型）	遅い （単数）	多い
動物脳 （感情）	有意識 （半自動）	規則ベースの行動 （模倣型）	中間 （中間）	中間
原始脳 （作動、欲求）	無意識 （自動化）	熟練ベースの行動 （習熟型）	速い （複数）	少ない

（2）動物脳

およそ 6550 万年前に直径 10km もある隕石がメキシコのユカタン半島に落下し、直径 180km に及ぶチチュルブクレーターができたことで、多くの陸上動物は死滅した。その後出現した四足歩行系の動物が保有した脳を動物脳と称し、これにより喜怒哀楽といった感情表現が可能になった。動物脳の代表的な特徴は表 1-1 に示したように、経験があるとそれに基づいて行動したり、規則があればそれに従って行動したり、習い事をするときのような模倣型の行動をするものである。

（3）人間脳

これには諸説あるが、約 700 万年前頃に地球が寒冷化したことなどの理由で出現した二足歩行系の生物が搭載している脳である。思考能力に優れ、特に人間は、その中でも際立って高い能力を有している。初めての状況に出合うと、慣れてもいないし、経験したこともないため、試行錯誤を繰り返して対処する。この創造型の行動ができるのはこの人間脳によるものである。しかし表 1-1 にあるように、処理は遅く疲れやすいという弱点がある。

1.2.2　人間の脳の特徴

表 1-2 に、人間の三つの脳の代表的な特徴を示す。

表 1-2　人間の脳の特徴

<table>
<tr><th rowspan="2">脳区分</th><th rowspan="2" colspan="2">脳の役割</th><th colspan="2">意識</th></tr>
<tr><th colspan="2">観念：感性、知性、理性、悟性</th></tr>
<tr><td rowspan="4">人間脳</td><td rowspan="4">思考</td><td rowspan="4">感動
（泣、笑）</td><td rowspan="4">価値観
（観）</td><td>哲学観 / 宗教観</td></tr>
<tr><td>倫理観 / 道徳観</td></tr>
<tr><td>人生観 / 死生観</td></tr>
<tr><td>社会観 / 職業観</td></tr>
<tr><td rowspan="3">動物脳</td><td rowspan="3">感情</td><td rowspan="3">喜怒哀楽</td><td rowspan="3">感性
（感）</td><td>危機感 / リスク感性</td></tr>
<tr><td>使命感 / 責任感</td></tr>
<tr><td>正義感 / 罪悪感</td></tr>
<tr><td rowspan="2">原始脳</td><td rowspan="2">欲求</td><td rowspan="2">食欲
睡眠欲
性欲</td><td rowspan="2">心的態度
（性）</td><td>積極性 / 品格性</td></tr>
<tr><td>協調性 / 状況認識性</td></tr>
</table>

この表は思考脳あるいは管理脳とも呼ばれる人間脳と、感情に関する情報を処理する動物脳及び作業脳あるいは現場脳とも呼ばれる原始脳の特徴をそれぞれ表している。

人間脳は思考を司り、物事の捉え方のもとになる。例えば人生観や世界観といった価値観を形成する。さらに心と呼ばれるものから発せられる感動という感情の上位機能も形成される。

動物脳は喜怒哀楽といった感情を司り、危機感や正義感といった人間の感性を形成する。

原始脳は生命の根幹を司り、人間の基本的な資性である積極性や協調性といった心的態度を形成する。生きていくために必要な欲求をコントロールしているのもこの脳である。

1.3　人間の行動

人間が作業しているときは、外界からの情報が感覚受容器を通して脳内に入り、情報に対応し、判断・決心を行って、手足などの効果器に指令を送り、行動を起こしている。このとき、習熟した行動であれば原始脳で対応可能であるが、複雑な出来事や初めて体験することなどに遭遇すると、人間脳で処理しなければならなくなる。過去に経験したことや規則に定められたとおりのことをすれば良い場合などの行動は、動物脳で処理される。

加えて人間脳は、見たいように見るし、聞きたいように聞くというように多くの先入観や偏った見方（「認知バイアス」という）が働く。また、人間は経験に学ぶと言われる。したがって経験の多いベテランは先読みができるが、その反面、思い込みに走るということもある。しかも基本的に脳は自己主体型の認知活動を行っているため、思い込みや思い違いにはまると、そこから抜けるのは難しいといった特徴もある。

1.3.1　人間の資質と行動

人間が、ある目標・目的に対応した行動をしている状況を図 1-4 に示す。行動時は機械やシステムを利用していることが多い。その行動は、1.3.5 で後述する熟練（スキル）ベースでの行動であったり、規則（ルール）ベースあるいは知識（ナレッジ）ベースの行動である。

また、人間が行動する場合は、それまでに受けた教育や訓練の成果、あるいは体験を元にしているものの、人間はいつも同じ状態ではなく、自身の心理的・生理的要因や外界の環境要因などの行動形成因子によって行動は変容する。意識が高揚し、創造的にあるいは発展的な行動をすることもあるし、心身状態が悪く、チームプレイもうまくいかない、さらにはシステムが故障したり、外部環境が悪化したときは、不規則行動となったり、不安全行動になったりする。これらはヒューマンエラーとして現われ、問題となる結果を生ずることになる。結果がヒヤリハットで済めば良いが、場合によってはインシデントになったり、悲惨なアクシデントになったりする。

しかし人間は失敗を恐れて何も挑戦せずに生きてきたかというと、そんなことはない。1903 年に人類史上初めて動力飛行に成功したとされるウイルバー・ライトが、「安全でいたいのなら、柵に座って鳥が飛ぶのを眺めていればいいのさ」と言ったが、このライトも含め人間はより速く、より遠く、より高く、より強く…と、常に進歩を求めていろいろ挑戦してきている。新しいことに対する挑戦には、いつもエラーがつきものと見て良いであろう。しかし人類は、そのエラーを恐れず新しいことに挑戦し、あるいはエラーから新しいことを学んで発展してきたのである。

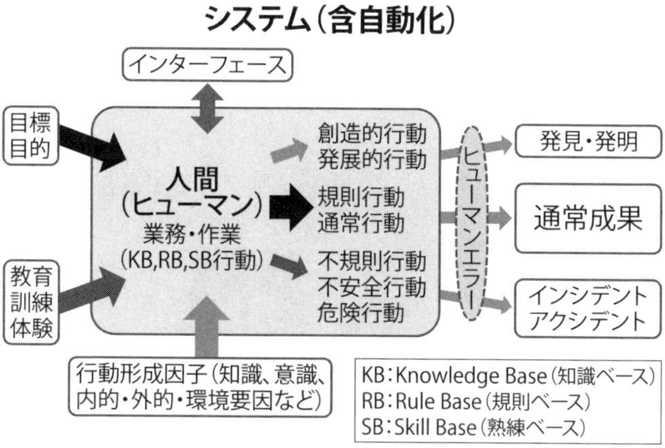

図 1-4　人間の行動状況

行動結果の中でも、偶然、期待に反した結果が発見や発明につながることもある。エラーの結果が思いがけず他の方向で良い結果になった場合は多い。例えば、ノーベル化学賞を受賞した白川英樹筑波大学教授は、研究員が薬品の調合を間違ったことで電気を通すプラスチックを開発したし、同じくノーベル化学賞を受賞した島津製作所の田中耕一研究主任も、意図したことではないが金属微粉とグリセリンの両方を一緒に混ぜた試料からタンパク質を壊さずに分子イオンを取り出すことができることを見つけ、タンパク質の測定が可能になった。もちろんそれを成功に結びつける見識を持っていたところがノーベル賞を受賞する人間の違うところであるが、このように受賞につながるきっかけは当初の実験計画から見るとエラーだったのである。

人類はこのようにエラーから新たな発見をしたり、エラーを克服しようとしたりして文明、文化を築いてきた。もしエラーを恐れて挑戦しなかったら文明の発展はなく、人類自体が現在のように存在し得なかったであろう。

1.3.2　教育と訓練

人間の行動はそれまでに受けた教育や訓練さらには体験に基づいている。図 1-5 は、教育と訓練の関係を 3 階建ての脳の使用比率を踏まえ、N 型モデルにして図 1-3 に示した人間の脳を重ね合わせたものである。

教育とは人間脳の価値観を醸成することで、自律を促すトップダウンの演繹的な行動である。一方、訓練は原始脳、特に小脳を鍛えて自立を果たすボトムアップの帰納的な行動である。したがって、訓練は人間はもとより動物にもできるが、教育は人間にはできるけれども、人間以外の動物にはできない。少なくとも価値観の醸成につながらない教育はありえないし、訓練をいくらしたとしても、教育がなされたことにはならない。

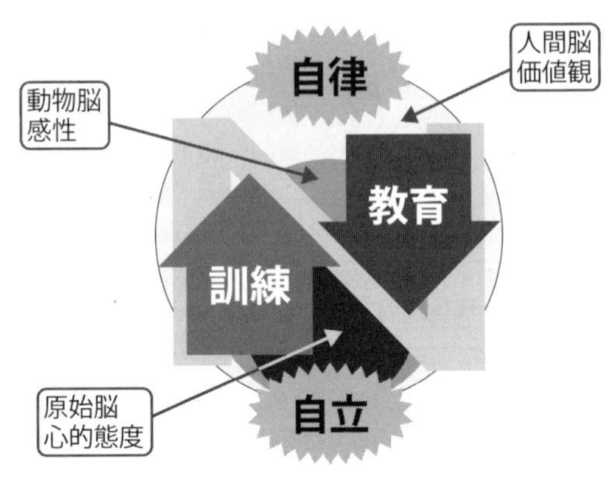

図 1-5　教育と訓練（「機長の危機管理」から）

1.3.3　意識水準

人間が行動する場合は、心身の状態に応じて意識レベルあるいは注意状況が変化する。これらの変化を与える要因を総称して意識水準という。表 1-3 は、橋本邦衛氏による意識レベルの段階分けである。意識レベルは無意識、失神状態のフェーズ 0 からパニック状態のフェーズⅣまでに分類され、脳がベータ波を出しているフェーズⅢの信頼性はシックスナイン、つまり、0.999999 以上としている。

現場作業においてはフェーズⅢの状態であることが望ましいのは言うまでもない。しかし、この状態は脳の疲労度が高く、長続きさせることは難しい。したがって、休息をとり、適度な緩急を持たせることが必要となる。また、現場では少なくとも誰か一人はフェーズⅢのレベルを保ち、作業の「森」、すなわち全体を見ていなければならない。特に、現場責任者・監督者はなおさらである。

表 1-3　意識レベル（橋本邦衛）

意識レベル（フェーズ）	意識のモード	注意の作用	生理的状態	信頼性	脳波
フェーズ 0	無意識、失神	ゼロ	睡眠、脳発作	ゼロ	δ 波
フェーズ I	subnormal 意識ボケ	inactive	疲労、単調、いねむり	≦ 0.9	θ 波
フェーズ II	normal relaxed	Passive 心の内方に向う	安静起居 休息時、定例作業時	0.99～0.99999	α 波
フェーズ III	normal clear	Active 前向き、注意野も広い	積極活動時	0.9999999 ≦	β 波
フェーズ IV	Hyper-normal excited	一点に凝集、判断停止	緊急防衛反応、慌て、パニック	≦ 0.9	β 波又はてんかん波

1.3.4　人間行動に影響を与える要因

(1) 行動形成因子（PSF：Performance Shaping Factors）

人間の行動に影響を与える要因として、行動形成因子（PSF）がある。PSFとは、人間が行動する場合の状況特性を左右する要因を意味する。アメリカの心理学者 A. スウェイン（A. Swain）は、PSF として表 1-4 に示すとおり、外的要因、ストレスとなるもの（ストレッサー）及び内的要因の三つを挙げている。

外的要因は、人間が行動する際の作業環境、使用する装置やシステムなどのハードウエア、作業指示や手順書といったソフトウエアなど行動に外部から影響する要因である。ストレスは、自身に降りかかっている心理的あるいは生理的ストレスで、人間の行動に大きな影響を及ぼすと考えられる。内的要因は本人の性格、体質、経験など行動するときに個人やグループ活動に影響を与える要因である。

表1-4　行動形成因子（PSF）

1. 外的要因
1-1 状況的特性： • 建造物の構造／作業環境／作業条件／組織体制／管理体制 1-2 職務と作業の指示： • 手順／指示／注意と警告／作業方法／作業方針 1-3 作業と設備の特性： • 人間特性からの要求事項／コミュニケーション／インターフェース要因
2. ストレスとなるもの
2-1 心理的なもの： • 心理的負荷／心理的圧迫／感覚遮断／注意散漫／一貫性のない刺激 2-2 生理的なもの： • ストレスのかかる期間／疲労／痛み又は不快感／空腹又は渇き／極端な温度 • 放射線／過大な重力／極端な気圧／酸欠／振動／動きの制約／運動不足／概日リズムの乱れ
3. 内的要因
3-1 個人的要因： • 訓練と経験／実務と技能／性格と気質／動機と態度 • 情緒／ストレス／通常要求される知識／性的差異 • 体調／家庭や社会／職場の人間からの影響／グループの特性

(2) ヒューマンファクターに影響を及ぼす六つのP

人間の機能及び行動に影響を及ぼす要因として、前述のPSFと内容的に類似しているが、「P」で始まる六つの語に対応するもの（六つの要因）がある。これらをまとめたものを表1-5に示す。（黒田勲 人間工学 1987）

表 1-5　ヒューマンファクターに影響を及ぼす六つの P

(1)	Pathological Factors（病理学的要因）
	糖尿病による低血糖症からくる意識混濁、結石（腎結石、胆嚢結石）による激痛、消化器疾患（消化器潰瘍）による激痛、精神病や中枢神経疾患によるてんかんや妄想、神経系疾患（神経症、性格異常、鬱病、行動異常、自殺企図）による異常行動、その他、依存症（アルコール、覚醒剤、麻薬、シンナーなど）による犯罪予備症状など
(2)	Physiological Factors （生理学的要因）
	作業環境（温度、湿度、気圧、酸素濃度、放射能、騒音、振動、明るさ、有害物質）による生理的圧迫あるいは障害、生活リズムの変調（疲労、睡眠不足、欠食、二日酔い、時差、夜勤）による体調の乱調など
(3)	Physical Factors（身体的要因）
	身体的機能（身体の寸法、身体の到達範囲、運動性、力のベクトル）による限界、人間的機能（ワークロード）による特性など
(4)	Pharmaceutical Factors（薬剤的要因）
	服用している薬剤の副作用などによる視野狭窄、眠気、だるさなど。市販風邪薬などの安易な服用には注意が必要である。
(5)	Psychological Factors（心理的要因）
	知、情、意に影響を与えるもので、焦り、おごり、怒りなどはその代表的なものである。生命が危険にさらされ時間的な余裕がなくなると、一点集中、こだわり、不安、焦りなどが発生する。
(6)	Psychosocial Factors（社会心理的要因）
	一般生活からくるストレス（死別、結婚、解雇、抵当やローン返済など）社会生活からくるストレス（学校や職場における人間関係、給与、人事、いじめなど）がある。自殺者の多くは少なからずこの社会心理的要因の影響を受けている。

1.3.5　人間の行動モデル（SRK モデル）

人間が行動する場合は、外部からの情報を脳が知覚（検知）し、その情報内容を認識（認知、同定）し、判断し、どのような行動をとるべきか決定して、手足などの操作機能に指令している。この一連の流れを三つに区分し、人間の行動モデル（認知心理学モデル又は SRK モデル）として、デンマークの J. ラスムッセン（J. Rusmussen）が、図 1-6 に示す SRK モデルを提唱した。

SRK モデルの呼称は、次のように表記されている三つの処理規範（ベース）の頭文字を取っていることに由来している。

①　Skill-Based Behavior（SB）

②　Rule-Based Behavior（RB）

③　Knowledge-Based Behavior（KB）

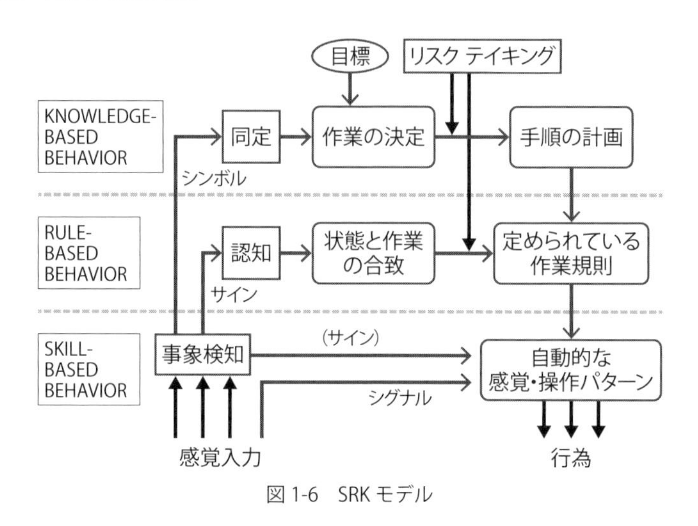

図 1-6　SRK モデル

次に、SB、RB 及び KB のそれぞれについての特徴を記す。

（1）SB

慣熟又は習熟している場合の行動で、スキルベースの行動、熟練ベースの行動あるいは習熟ベースの行動と言われ、人間が同じ行動を繰り返すことによって身についた行動である。したがって、慣れ親しんだ行動に対しては素早く反応し、動作も滑らかで、機械やシステムの運転においては、ほぼ無意識にその操作を行っている。歩きながら話したり、転びそうになったりすると手を出して体を支えようとするような、いくつかの行動をほぼ同時にこなせるのも、この行動の特徴である。

この仕組みは、できるだけ簡易に対応したいという省エネルギー型の生体適応反応によるものとされる。しかし、身についた行動の範囲に限られ、新たな事態には対応し難い。

（2）RB

ある程度の経験がある場合、あるいは、ある決まりや規則を学習している段階の行動で、ルールベース行動又は規則ベース行動とも言われ、規則や過去の経験に基づいた行動のことである。

この行動を繰り返していると、前述の SB（スキルベース）の行動に変化していく。例えば、自動車の運転では、運転を習い始めた頃は、学習した決められた規則や要領、コツを思い出しながら運転している行動である。日常作業でチェックリストを使う場合も、そこでの決まりごとを確かめながら行っており、RB（ルールベース）の行動である。しかし、当初はリストを確認しながら行動しているものの、繰り返しているうちにSBになってくるので、ついにリストを参照しなくなり、一部に抜けが出て確実なチェックがなされなくなる場合が出てくる。

(3) KB

初めて経験する事象に遭遇した場合の行動で、ナレッジベース行動あるいは知識ベース行動と言われる。感覚入力⇒同定⇒作業の決定⇒手順の計画⇒RB領域に定められている作業規則⇒SB領域の自動的な感覚、操作パターンを経て操作がなされるが、最もエネルギー消費の高い中枢処理（人間脳の処理）過程を通り行動する。「同定」とは、あるものをある一定のものとして仮定する、あるものとあるものの同一性を認めることを言う。

初心者でもベテランでも知識や経験がない場合は同様である。ある概念を仮想し、最大限の意識と思考をもって知恵を絞り、試行錯誤して問題解決を試みることになる。新しい機械やシステムの操作では、マニュアルを読んで、新たな知識を得て行動する。

(4) サイン、シグナル、シンボル

図1-6に記されているサイン、シグナル、シンボルの内容を次に示す。

① SBを駆動するサイン（Sign）

SBを駆動するサイン刺激は、一方向の単発情報で、身についた行動を活性化させるきっかけのことである。サインを直接処理することはしない。例えばドアがノックされると顔をその方向へ向けるのは、ノックがサインとなって熟練ベース行動が駆動され、サインがもたらされた方向へ顔を振り向ける。自動車運転時に他車のクランクションに注意を向けるのもこの例である。これらはモータースキルと呼ばれ「自動的な感覚、操作パターン」を活性化することによるものである。

② RBを駆動するサイン（Sign）

RBの行動を始める場合もサイン刺激が必要である。RBの場合は、サインによって自動的に情報処理されるわけではなく、認知（再認あるいは追認:Recognition）と呼ばれる認知過程を経ている。

例えばドアがノックされた場合には、ノックが誰から発せられたサイン

であるかを確かめるRB処理が駆動され、ドアを開ける。自動車の運転時に近くの車がクラクションを鳴らした場合も、自分に向けられた音なのか調べてから対応する。サインは環境からの情報あるいは表示であるが、それ自体にレベルがあるわけではなく、そのレベルはそれを知覚した受け手によって決まる。

③　SBを駆動するシグナル（Signal）

SBはシグナルという刺激によっても駆動される。シグナルは外界から得られる連続した感覚情報のことであり、人間はこの感覚情報に呼応して反応する。感覚情報は環境における定量的な連続情報である。

例えば車を運転している場合、車間距離はシグナルとしての感覚情報である。人間はそのシグナルに合わせてアクセルを調整し必要な車間距離を保つ運転（行動）を行っている。

シグナルはサインや次に述べるシンボルのような一方通行の単純な情報ではない。感覚情報と反応とはダイナミックな関係にあって、あたかも対話しているように駆動する。

④　KBを駆動するシンボル（Symbol）

シンボルは未知未経験の合図のことである。例えば初対面の人間との出会いにおいて相手はお互いにシンボルである。性格も能力もわからないので、とりあえず「人間」として抽象的な概念で捉えることとなる。

システム作動時に利用するコンピュータの表示情報で、見たこともないようなエラーメッセージはシンボルである。それを試行錯誤しながら推論し、エラーの意味するところへと関連づけていくこととなる。この処理には人間脳が対応し、多くの場合サインやシグナルに対応する場合より処理時間がかかる。

1.3.6　人間の情報処理モデル

人間の行動における情報の時間的流れや脳の処理機能、能力の状況は図1-7に示すようなモデルで考えることができる。このモデルは日本ヒューマンファクター研究所初代所長医学博士黒田勲によって最初に提示されたものをベースに、その後同研究所で検討を重ね改訂したものである。このモデルの特徴は次のとおりである。

①　情報は感覚受容器（主に五感）により感知される。しかしすべての情報が受け入れられるのではなく、感覚受容器の能力に応じた刺激（例えば音であれば適度な周波数；適刺激）のみが受け入れられる。

熱いものに触ったらさっと手を引っ込めるといった反射行動は中間の処理を経ずそのまま行為に向けられる。体温を調節する、血圧を正常に保つといった生体活動も同じである。(無意識活動)

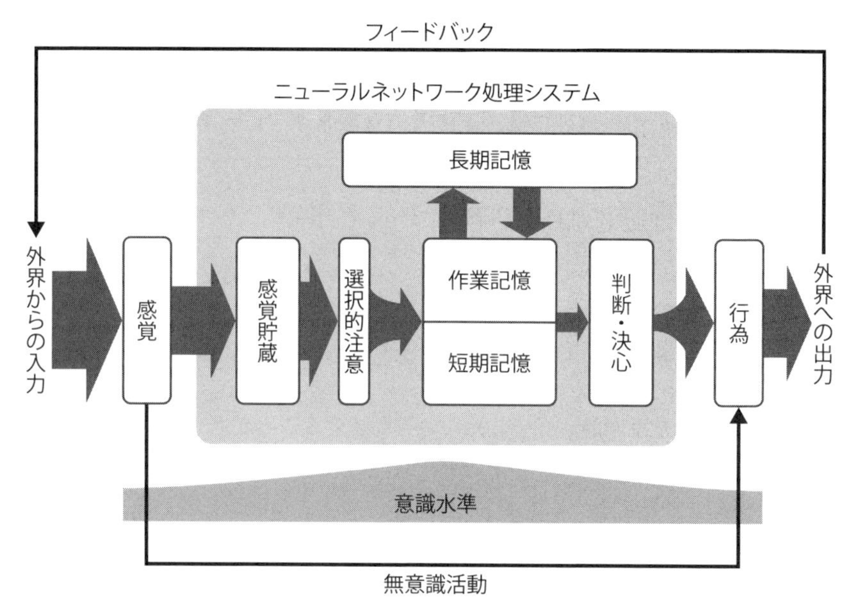

図 1-7　人間の情報処理モデル（JIHF モデル）

② 感知された情報はすべて知覚されるのではなく、注意を向けたものだけが中枢処理系に送られる（選択的注意）。つまり人間は、期待したものを見、期待したように聞き、興味のあるものを選択して、短期記憶にとどめる。

③ 人間の価値観などによって取捨選択された情報は、作業記憶として長期記憶と照合される。その結果により判断・決心のプロセスに入るが、その速度は情報の知覚速度に比べて極めて遅い。ここに「重要な情報処理はひとつひとつ順番にやるしかない」という人間の特性が潜んでいる。

④ 判断が済んだ後は、決心し、行為へと進む。行為は眼や口の動きはもとより、手足の動きに至る筋肉等の効果器の動きを含んでいる。行為は習熟ベースの行動でなされるので速度は速い。

⑤ 行為の結果は、感覚器官へフィードバックされる。フィードバックにはポジティブなフィードバックとネガテティブなフィードバックがある。ポ

ジティブなフィードバックは通常状態からのズレをさらに拡大・発散する方向に、ネガティブなフィードバックは、ズレを小さくする方向に作用する。

⑥　「感覚→判断→決心→行為」の全行程を行動（Behavior）と称する。

⑦　初心者の行動はこの全行程に時間がかかるが、熟練者の行動の場合はこの処理時間が短い。

⑧　この一連の情報処理には、その人の意識水準（1.3.3 参照）が関係している。

1.3.7　人間行動において考慮すべき事項

人間にはその環境の中で行動する場合、自身の都合を優先することがある。さらに、集団で行動すると、自身のみの行動判断とは異なる行動をとることがある。これらは認知バイアスと言われ、多くの場合はエラーを誘発する要因となる。

また他人に対し意図的に好ましくない言動をとることがあり、個人あるいは集団の機能発揮に大きく影響を与える。

(1)　主な認知バイアス

①　同調

人間はとりあえず多数派の行動に同調することで安心感を得ようとする。すなわち、人間は他人の行動に対して無意識的に同調する。

②　リスキーシフト

個人であれば起こさない間違いを集団の中では、次第に危険度（リスク）の高い方向に言動が傾斜していく。

③　集団浅慮（思考）

一人一人は優れていても、集団となると愚かな意思決定へと変容することがある。

- 自分たちこそが唯一正しい判断力を有しているとの過信
- 批判的な外部情報価値を軽視し、その情報支持メンバーを疑問視
- 最初の誤った仮定やそれに基づく決定に固執

④　社会的手抜き

集団での共同作業において、一人当たりの課題遂行量が人数の増加に伴って低下する現象をいう。リンゲルマン効果、フリーライダー現象、社会的怠惰とも呼ばれる。

⑤　リスクホメオスタシス

G.ワイルド（G.Wilde、1982）が提唱した理論で、安全技術の導入によりリスクが低下したと認知すると、人間の行動はリスクを高める方向に変化する可能性がある。このリスク補償行動の発生メカニズムをモデル化したものがリスクホメオスタシス理論である。

⑥　ハラスメント

職場などで見られる、相手方に対して行われる「嫌がらせ」をいう。他人に対する発言や行動が、意図しているといないとにかかわらず、相手を不快にさせたり、尊厳を傷つけたり、不利益や脅威を与えたりすることがハラスメントである。

(2) その他の認知バイアス

ほかにも、人間が社会生活を営む上で考慮すべき事項がいくつかある。それらは次のとおりである。

①　利己主義（自分だけ得したいと思っていないか）
②　自己欺瞞（自分に言い訳していないか）
③　意志薄弱（正義の初志貫徹は難しい）
④　無知（情報は十分か）
⑤　自分本位（みんなも同じように考えていると思うか）
⑥　顕微鏡的思考（小さいことにこだわっていないか）
⑦　権威追従（長いものには巻かれろ、となっていないか）

第2章　ヒューマンファクターについて

ヒューマンファクターが語られ始めてから100年余りであり、人類の始祖と呼ばれるホモハビリスが出現してから240万年の歴史に照らすと余りにも短い。しかし、人間はそれまでヒューマンファクターという言葉こそ使わなかったが、確実にヒューマンファクターの世界の中に居たし、今後もヒューマンファクターの世界とともに歩むに違いない。

2.1　ヒューマンファクターとは

20世紀はヒューマンファクターの一つの側面であるヒューマンエラー（第3章参照）をゼロにしようと多くの研究や努力がなされてきた。しかしながら、ヒューマンエラーをゼロにはできないことに気づき、21世紀はこのエラーを許容した対策を立てることが進められてきている。また、人間のもう一つの側面である適応力のある「人間の素晴らしさ」をより一層高め、安全や品質マネジメントを推進することも含めた時代となってきている。

2009年1月15日ニューヨークのラガーディア空港を飛び立ったUSエア社A320型双発ジェット機が、離陸直後に鳥（カナダグース）の大群に遭遇した。この鳥の群れをエンジンに吸い込んで両エンジンが停止したが、機長の機転によってニューヨークの西側を流れるハドソン川に不時着水した。155名の乗客乗員全員が無事であったことから「ハドソン川の奇跡」と呼ばれている。このように科学・工学技術を駆使し、ときには超越した人間の英知、機転あるいは創造力などを発揮した「人間の素晴らしさ」もまたヒューマンファクターの領域である。

2.2　ヒューマンファクターの変遷

ヒューマンファクター発展の流れには、人間工学的な視点におけるものと国際民間航空機関（ICAO：International Civil Aviation Organization）におけるものとの二つに大別できる。

2.2.1　人間工学的な視点

ヒューマンファクターが体系化されたのは、19世紀末の1880年代から1890年代におけるアメリカのF. テイラー（F. Taylor）とギルブレス夫妻（F. Gilbreth & L. Gilbreth）が、別々の産業において時間と運動の研究を行ったことや、イギリスのケンブリッジ大学に心理学研究所が創立されたことなどがその素地になっている。また第一次世界大戦（1914～1918年）はこれらの体系化に陰に陽に大いに影響した。

アメリカでは「ヒューマンファクター（Human Factors）」と言い、ヨーロッパでは「エルゴノミクス（Ergonomics）」と称している。わが国の日本人間工学会では人間工学を「Ergonomics」としている。各々扱う内容にやや違いはある。

（1）アメリカの状況

アメリカにおいては、20世紀初頭1911年に、F. テイラーによって行われた「科学的管理法の原理」や1920年代のギルブレス夫妻によって行われた人間の動作分析に始まる。それが画期的に発展したのは第二次世界大戦（1939～1945年）のときである。

その顕著な研究事例は、アメリカの東部から西海岸に飛行する際、山脈に衝突する航空事故が多発し、原因究明のため航空工学者が集められたが、原因はわからなかった。次に航空心理学者が集められ討議が重ねられた結果、読みにくい計器の存在が指摘された。図2-1に示した、いわゆる悪名高い三針式高度計である。

細くて一番長く円周に三角形が付いている針は「万」の単位、太くて短い針は「千」の単位、長めの針が「百」の単位、「十」の単位は目盛りを読むというものである。したがって、図2-1は10,170フィートを示している。図のように静止している場合でも判読に手間取るものが、急降下などでダイナミックに変化している場合では万とか千の単位の勘違いは致命的である。

図2-1　三針式高度計

アメリカでは、当初この分野では「Human Factors Engineering」と呼ばれていたが、その後「Human Factors」となっている。また、ヒューマンファクター学会（Human Factors Association）も創設されている。

(2) 欧州の状況

欧州では、人間の資質や行動に関するものとして、1949年にイギリスのK.マレル（K. Murrell）教授がギリシャ語の「労働」を意味する「ergo」と「法則、ルール」を意味する「nomos」に「学」を意味する「ics」を合成した「Ergonomics」を使用したのが始まりである。

当時ヨーロッパでは、労働負担をいかに軽減するかが労働科学を中心とする研究の流れとなっていた。炭鉱で坑内の労働を担っていたのは、坑道が狭いこともあり、身体の小さな女性や子供であったと伝えられている。坑内は危険な上、地熱による暑さなど環境も最悪であった。いかにして彼ら、彼女らの負担を軽減できるかなど、労働衛生的な発想が発端となっている。

ドイツでは第一次大戦後のカイザー・ウイルヘルム労働生理学研究所、第二次大戦後のマックス・ブランク労働生理学研究所が人間工学研究の中核をなし、イギリスでは、第一次大戦中の疲労研究として、王立疲労調査局が有名であった。

またエルゴノミクス学会（Ergonomics Association）も設立されていた。当時ヒューマンファクター学会とエルゴノミクス学会は別々に存在していたが、1960年に「国際人間工学会（IEA：International Ergonomics Association)」に統合され、以後3年ごとに世界の主要都市でその学会が開催されている。

(3) わが国の状況

わが国では、アメリカから導入した「人間工学」（1922年に田中寛一が著書の題名として使用）が初めであるが、内容的にはどちらかと言えばヨーロッパの活動を踏まえたものが主であった。人間工学はヒューマンファクターとよく似ているが、① 実験心理学、② 医学及び生理学、③ 広義の作業研究、④ 環境工学、⑤ 制御工学及び⑥ インダストリアルデザインなどを包含し、人間の身体的特質が含められている。

1964年に「日本人間工学会（JES：Japan Ergonomics Society)」が設立され、今日ではその範囲は多様に変化発展している。またJESには航空人間工学部会（JES-AHFD：Japan Ergonomics Society Aviation Human Factors Division）があり、1970年頃から航空安全にかかわる活動を活発に続けている。

その後、1970年代半ばに、ヒューマンファクターという概念がわが国でも浸透し始めた。比較的歴史が浅いこともあり、学会などでは「人的要因」「人的因子」あるいは「人的側面」などといくつかの用語を使っているが、現在は「ヒューマンファクター」で統一化されてきている。

2.2.2　国際民間航空の動き

世界の民間航空界におけるヒューマンファクターに関する主だった活動は、1970年代にそれまで発生した62件の航空事故を再調査し、チームワークに問題があったことを解明したことに始まる。その後、それをコクピットリソースマネジメント（CRM：Cockpit/Crew Resource Management）（第7章参照）の開発につなげたアメリカの航空宇宙局（NASA：National Aeronautics and Space Administration）の研究、さらにそれの制度化を図ったアメリカ連邦航空局（FAA：Federal Aviation Administration）の活動などに発展している。航空輸送の普及に伴い高い安全性が求められ、そのため航空の分野においてヒューマンファクターの重要性が強く認識されることとなった。

この中で特に顕著なことは、国際民間航空機関（ICAO：International Civil Aviation Organization）が1975年にヒューマンファクターのSHEL（シェル）モデル（図2.2参照）を公表したことである。これは20世紀における特筆すべき出来事で、さらに1989年にはICAO付属書の一つである付属書1技能証明（Annex 1：Personnel Licensing）を改定し、航空従事者の資格要件にヒューマンファクターにかかわる人間の能力と限界（Human Performance and Limitations）及び健全な判断力とエアマンシップの養成（Exercise Good Judgment and Airmanship）を加えた。さらに、ヒューマンファクターダイジェスト（Human Factors Digest）No.1～No.16を発行するなどして、ヒューマンファクターの普及と啓蒙に力を注いだことが、航空におけるヒューマンファクターの重要性を決定的なものにした。

2.3　ヒューマンファクターの定義

ヒューマンファクターは、多くの機関や組織等で定義している。その中で最も古く代表的なものは、2.4.1で述べるSHELモデルの原型を発案した英国マンチェスター大学教授のE. エドワーズ（E. Edwards）のものとICAOのものである。日本ヒューマンファクター研究所（JIHF：Japan Institute of Human Factors）も2000年に定義を示した。

(1) エドワーズの定義

ヒューマンファクターとは、
システム工学の枠内において、人間科学を系統的に応用し、人間と人間活動の関係を最適化すること。
Human Factors is concerned to optimize the relationship between people and their activities, by the systematic application of human sciences, integrated within the framework of systems engineering.

(2) ICAOの考え方

ヒューマンファクターの考え方は、
人間特性を適切に理解することにより、人間とシステム系との安全な関係を構築するために、航空機の設計、免許制度、訓練、実運航や保守管理に適用されるものである。
Human Factors Principles：Principles which apply to aeronautical design, certification, training, operations and maintenance and which seek safe interface between the human and other system components by proper consideration to human performance.

(3) JIHFの定義

ヒューマンファクターとは、
機械やシステムを安全に、かつ有効に機能させるために必要とされる、人間の能力や限界、特性などに関する知識や、概念、手法などの実践的学問である。

このように定義は必ずしも確定的なものがあるわけではなく、それぞれの立場で捉えているということである。

JIHFの定義がヒューマンファクターを実践的学問であるとしている理由は、研究室に閉じこもって人間の特性などを研究する学問とは異なり、実際に人間がいろいろな業務に従事する現場において人間の行動や思考を考察し、人間の能力の限界や特性について研究した成果を現場にフィードバックして、ヒューマンファクターを現場の安全に役立てることを目的とした学問だからである。ヒューマンエラーをできるだけ少なくして、ヒューマンエラーを事故に結びつけないようにする知見は、その一部である。これは日本語で言うところのヒューマンファクターを英語では「Human Factors」と綴り、末尾に「s」が付されていることとも符合する。つまり複数を意味する「s」ではなく、「Mathematics（数学）」や「Physics（物理学）」のように学問を表す言葉につけられる「s」である。だから英語では「Human Factors」と書かなければならない。しかしながら、わが国では「ヒューマンファクター」と書いて「学問」を意味すると解釈されているのが通例である。人間の能力、その限界あるいは特性及び総合的知見などを包含した概念である。

このヒューマンファクターという概念が、わが国では比較的歴史が浅いこともあり、学会などではいくつかの用語が使われている。一般に「人的要因」が使用される場合を多く見かけるが、事故や災害に際して「またもや人的要因か」などと報じられ、多くは人間を否定的に捉える場合に使用されている場面が多いようである。しかし、これではヒューマンファクターの単なる一側面を見ているにすぎない。確かに事故などが起こるときはヒューマンエラーがそのきっかけとなる場合が多いけれども、普段の作業では99%の作業はうまくいっているのである。これこそ人間の対応能力や創意工夫のおかげであり、人間の持つ素晴らしい一面である。

ヒューマンファクターにとって画期的な出来事と言えば、1924年から1930年にかけて、アメリカのシカゴにあるウエスタンエレクトリック社ホーソン工場で行われた研究である。その一つは、「照明を明るくすれば作業効率は上がるか」という研究であった。しかし、照明を暗くしたグループでも作業効率は一向に落ちない。それどころか日ごとに向上していった。それは、作業者たちが「自分たちは選ばれて実験に参加している」ということでやる気を出し、照明を暗くしても作業効率は落ちなかったのである。それまで、人間の性能は生理的なもので決まるとされていたが、心理的なものにも左右されることがわかった。その研究結果は、「労働者たちの作業成果は労働時間と賃金だけではなく、周りの関心と上司の注目にもっと大きな影響を受ける。」というもので、ホーソン効果（Hawthorne Effect）と呼ばれている。これと同様の効果として知られているのがピグマリオン効果（Pygmalion Effect）である。これは「教師がある学生に対して優秀だという期待を持って教えれば、その学生は他の学生たちよりもっと優秀な成果を収める確率が高い。」という教育界における理論である。

また、昔から「火事場の馬鹿力」という言葉が示すとおり、人間はいざというときには普段以上に性能を発揮する能力も持ち合わせている。また、打ちのめされた状況であってもそこから回復していく能力も認められる。こういった能力はレジリエンスという言葉で受け止められており、その働きを研究するレジリエンスエンジニアリングも開発されている。(第7章7.3参照)

とは言え、人間は「褒めるとツケ上がって駄目になる」場合もあれば、「貶されると何クソと奮起する」場合もあり、なかなか一様にはいかない。このような「人間」を前提にしてヒューマンファクターの解釈は成り立っているので、常に「人間をありのままに捉える」ということから始めなければならない。

2.4　ヒューマンファクターのモデル

ヒューマンファクターにとってもうひとつの画期的な出来事は、1975年の国際航空運送協会（IATA：International Air Transport Association）の会議においてヒューマンファクターを表現するSHELモデルが提案されたことである。

2.4.1　ヒューマンファクターモデルの変遷

(1) SHELモデル

SHELモデルを図2-2に示す。図2-2左側の図は、現在のSHELモデルの原型になったもので、E. エドワーズが航空界の様々な事故やヒヤリハットの研究に基づいて、1972年に労働組合の大会で発表したものである。

その後、KLMオランダ航空の心理学者でもあるF. ホーキンズ機長（F. Hawkins）が右側のように修正し、それを1975年に国際航空運送協会の会議においてヒューマンファクターの概念をあらわすモデルとして提案した。

これを同年国際民間航空機関が国際航空運送協会からの提案を受けてヒューマンファクターモデルとして正式に採択したものである。

モデル名	SHELモデルの原型	ICAO SHELモデル
モデル	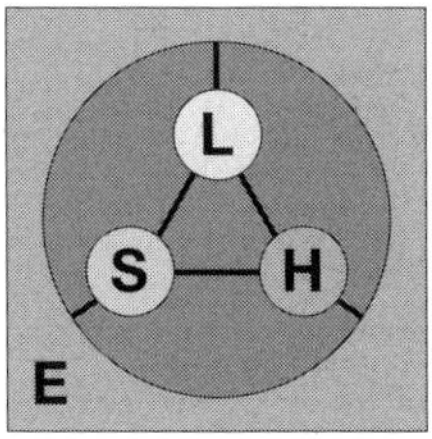 L S H E	 H S L E L
提案者	E. Edwards	F. Hawkins
提案年	1972年	1975年

図 2-2　SHEL モデル

このモデルの中のS、H、E、Lはそれぞれ、次のことを示している。

S；ソフトウエア（Software）……規則、ルール、手順書など

H；ハードウエア（Hardware）……機械、道具、施設など

E；環境（Environment）……温度、湿度、騒音、空間の広さなど

L；人間（Liveware）……生き物のことであるが、ここでは人間を指す。中央のL（人間）を当事者とすると、下のLは同僚や上司など関係のある当事者以外の人間

(2) 類似モデル

SHELモデルには図2-3に示すいくつかの類似したモデルがある。いずれも、ヒューマンファクターの概念を視覚的に表現し、理解しやすいように工夫している。

モデル名	m-SHELモデル	P-mSHELLモデル	C-SHELモデル
モデル			
提案者	河野龍太郎	河野龍太郎	稲垣敏之
提案年	1994年	2002年	2003年

図 2-3　類似した SHEL モデル

2.4.2　M-SHEL モデル

図 2-4 に示す M-SHEL（エムシェル）モデルは、管理（マネジメント）を「M：Management」として独立した要素として表示し、他要素との関連が深いため衛星の形に配置したもので、日本ヒューマンファクター研究所（JIHF）が 1998 年に提唱した。

以下、SHEL モデルと言えば、この M-SHEL モデルをもって代表させる。

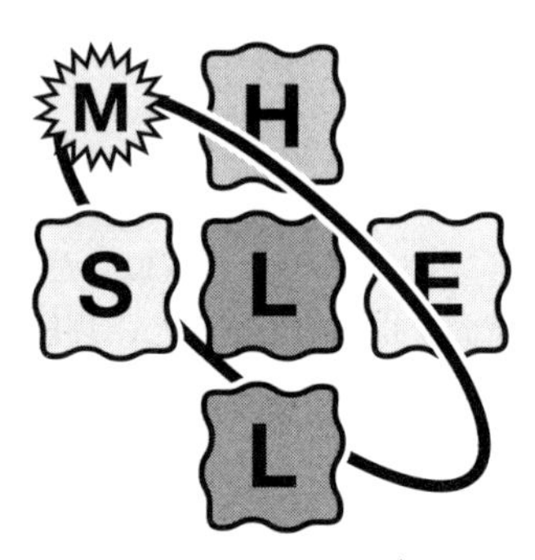

図 2-4　M-SHEL モデル

1975 年の SHEL モデルの当初から示されているとおり、「S」「H」「E」及び「L」は波型の線で囲まれた形をしている。これは、それぞれの要素の特性（形）が常に時々刻々と変動している状況を表している。それぞれの要素が中央の「L」と隙間なく、また重なり合うことなく接触できていれば、中央の「L」は最適なパフォーマンスを発揮できる状態にあることを示し、これを適合状態にあると言う。

一方、間違いやすい手順書（L-Sの関係）、使いにくい装置（L-Hの関係）、働きにくい作業現場（L-Eの関係）、折り合いの悪い人間関係（L-Lの関係）などは、中央の「L」との接触面に隙間ができたり、重なり合ったりする状況と考えられ、このような状況下ではヒューマンエラー（以下、単に「エラー」と言う場合もある。）を引き起こしやすくなることを示している。このような場合を不適合状態にあると言う。

「マネジメント:M」が他の要素と異なって星型で描かれている理由は、他の要素とすべて密接にかかわらなければならないことを意味している。規程などの設定（S）、新たな機材の導入（H）、職場環境の整備（E）、教育や人事管理（L）などにすべからく「M」がかかわっているからである。これらの関連を良好に保ち、安全性を確保し、品質を維持し、生産性を上げるのは「M」、すなわちマネジメントの役割であるので、SHELを取り巻く衛星として示されている。

（1）M-SHELモデルに用いる記号

M-SHELモデルで使われている記号はアルファベットで示され、その意味するところは表2-1のとおりである。

表2-1　M-SHELモデルで使用されている記号一覧

M	マネジメント（Management）
	コミットメント（理念：Philosophy）、安全統括管理者、安全管理体制、組織体制、責任分担、リスクマネジメント、マネジメントレビューなど
S	ソフトウエア（Software）
	規程（理念：Philosophy）、規則（方針：Policy）、細則（手順：Procedures）、要領（マニュアル：Practices）、情報など
H	ハードウエア（Hardware）
	機器、機材、設備など
E	環境（Environment）
	気温、湿度、換気、騒音、照明、空間、遠近、利便、安全文化、風土、慣習など
周辺のL	人間（Liveware）
	相手、上司、関係者、第二者など中央のL（人間）と関係のある人
中央のL	人間（Liveware）
	当人、当事者、本人、自分など

(2) M-SHEL モデルの多重構造

「物を設計し、製作」するのも人間、それを「使うのも、保守管理する」のも人間、「現場や組織の安全を管理する」のも、「経営する」のも人間であるから、機械やシステムに不具合が起こった場合、それを改善するのにも必ず人間が関与している。

一般的に M-SHEL モデルの各要因は、一時のかかわりだけで機能することはほとんどなく、図 2-5 のように何重にも変遷した多重構造として駆動している。これは、安全性向上、品質向上のための対策を施すために、多重防護の壁（Defense in-depth）として機能しているとも見ることができる。

しかし不具合の観点から見た場合、その多重防護の壁が破れていくこともある。M-SHEL の各要素は、事故や災害においても相互に関連しながら、時間の経過とともに連鎖していく。事故は、そうした関係のインターフェイスなどに不具合をきたした結果である。それは人間一人一人を取り巻く「M」「S」「H」「E」「L」とのかかわりによって人間の行動は大きく影響されるからである。

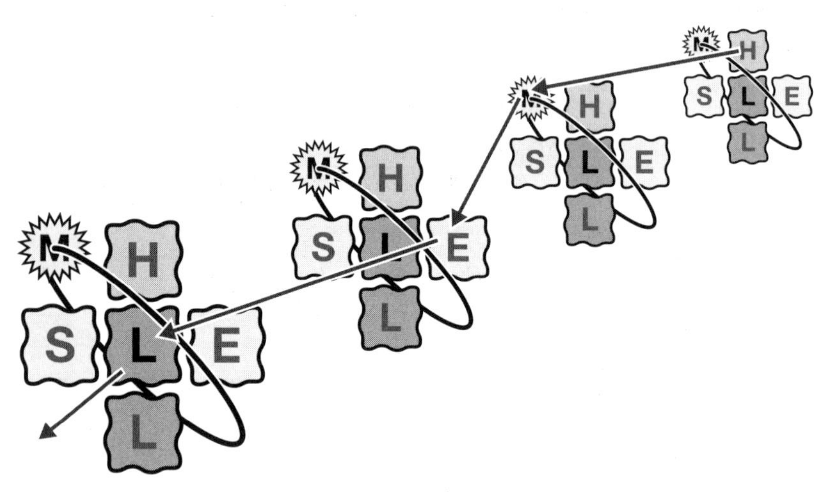

図 2-5　M-SHEL モデルの多重構造

人間の能力に問題があったり、能力の限界を超えた作業であったり、人間本来の特性が理解されなかった場合には、「事象の連鎖（Chain of Events）」を断ち切ることができなくなって、事故や災害に巻き込まれていく。

M-SHEL モデルは、ヒューマンファクターを可視化しての理解や、第３章で述べるヒューマンエラー及びその対策並びに第6章で述べる事故やインシデントが発生した場合に、その再発防止策を立案する上で極めて有用なツールである。当初は航空界で提唱されたものであるが、今では運輸業界や医療界をはじめ多くの産業界でその有用性が認識され、広く活用されている。またこのモデルは、品質管理や品質保証においても有用であると考えられている。

第3章　ヒューマンエラー

人間は脳の中でいろいろな情報処理を行っていることは1.3.6で述べた。この脳の情報処理過程で生じる様々な特性（ヒューマンファクター）により、結果として出力される人間の行動が、その状況に好ましくない結果を招く場合がある。それによって品質が損なわれたり事故が起こったりすると、その行動がヒューマンエラーと呼ばれることになる。

3.1　ヒューマンエラーとは

ヒューマンエラーは、どのように定義されるのが良いのであろうか。

イギリスの心理学者でマンチェスター大学教授のJ. リーズン（J. Reason）は、心理学的に有効なものとして、

「ヒューマンエラーとは、計画された知的又は物理的な活動過程で、意図した結果が得られなかったときに、これらの失敗が他の出来事によるものではないときのすべての場合を包含する本質的な事象」と捉えている。

JIS Z 8115:2000ではヒューマンエラーを、

「ヒューマンエラーとは、意図しない結果を生じる人間の行為」と定義している。

これらに対して、日本ヒューマンファクター研究所では、もう少しわかりやすくするために次のように定義している。

ヒューマンエラーとは
達成しようとした目標から、
意図とは異なって逸脱することとなった
期待に反した人間の行動
（JIHF1998）

すなわちヒューマンエラーとは、意図とは異なった結果になってしまった人間行動で、そうしようと意図した結果ではないことは、どの定義を見てもうかがえる。

もう少し詳しく言えば、ヒューマンエラーは人間が本来持っている特性に基づいて行動した結果が、自己や周りの期待から外れていたことを指すので、エラーとなった行動を「やってやろう」と思って、つまり意図して行ったことで

はない。

例えば人間には注意という特性があるが、注意力は限られているので、注意をある方向に集中すると不注意（注意が向けられない）の領域が増え、エラーの発生要因となる。これは人間にとって異常なことではなく、普通に起こる心理作用の一つであると捉えられている。

このように、ヒューマンエラーというのは、人間の持っている特性に依拠しているので、環境条件が同じであれば、同じようなヒューマンエラーは誰でも発生させる可能性が高いと考えるべきものである。しかも、人間の本来持っている特性が表れたものであるから、咎めたり罰を与えたりすればなくなるという性質のものでもない。

むしろ、ヒューマンエラーは人間が行動することにより起こりうるものであり、それがどの時点で起こるかは自身でも予測がつかず、どんな場所でも起こりうるので、「ヒューマンエラーは、誰にでも、何時でも、何処でも起きうる」と記憶あるいは自覚しておくのが良いかもしれない。

また、ヒューマンエラーは人間の行動の結果であり、決して原因ではない。よく事故調査の過程でヒューマンエラーが見つかると、それが事故の原因だとしてそこで調査を終えるようなことがあるが、エラーは人間行動の結果の現れであり、なぜそのような行動をとらざるを得なかったのかという理由（背後要因）が必ず存在、あるいは連鎖している。それを究明し是正しない限り、事故の再発防止にはたどり着けない。

3.2　ヒューマンエラーの源

人間が脳の中で行っている情報処理の過程をモデル化したものは、図1-7に示した。その処理過程に次のような間違いを誘発するファクターがある。

これらを整理してみると、次のような四つの要素のあることがわかる。

① 知覚の要素：見落としや見間違い、聞き落としや聞き違いなどのこと。錯視、錯聴などの錯覚も含まれる。

② 記憶の要素：記憶の欠落（忘れ)、記憶違いなど

③ 判断の要素：感覚情報や記憶情報の選択を誤ることや、決意の程度や時間的な余裕の有無によってリスク覚悟の決心に至ることなど

④ 行為の要素：やり忘れ、やり間違い、やりすぎなど

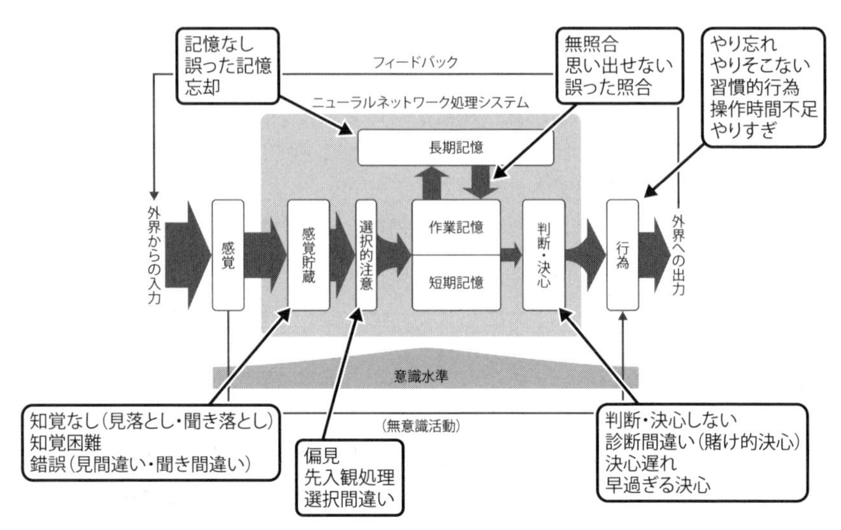

図3-1　脳の情報処理（図1-7）に存在するヒューマンエラーの発生要因

決心の要素も考えられるが、人間の脳の働きを調べてみても、どこまでが判断の要素でどこからが決心の要素であるかの峻別はできない。したがって判断の要素と決心の要素は一つにまとめてある。これをモデルで示したものが図3-2である。

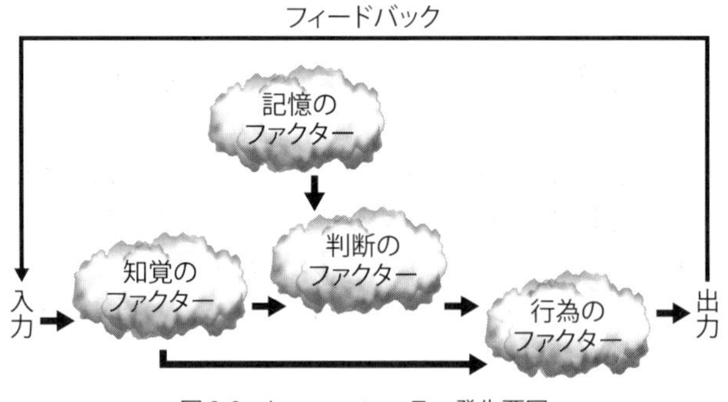

図3-2　ヒューマンエラー発生要因

つまり脳の情報処理の過程でいろいろな不都合が発生することによって、出力としての「行為」が不適切なものとなり、その行為が原因となって望ましくない結果が生じた場合、その行動がヒューマンエラーと言われることになる。

3.3　エラーはなぜ起きるのか

では、なぜ脳の情報処理の過程でいろいろな不都合が生じるのであろうか。その理由として、次の3点が挙げられる。

① 生態学的に不適切なインターフェイス
② 脳の機能の限界
③ 期待値の過大設定

3.3.1　生態学的に不適切なインターフェイス

2.4.2で述べたM-SHELモデルで「S」、「H」、「E」及び「L」がそれぞれ波型で囲まれている理由は、各々の要素がそれぞれの特性を持ち、時々刻々と変動していることを表していると述べた。また、それぞれの要素が中央の「L」と隙間なく、かつ重なり合うことなく接していれば、中央の「L」にとって最適なパフォーマンスを発揮できる状態であり問題は発生せず、仕事がうまくいくことを示している。

一方、第2章で説明したとおり、中央の「L」との接触面がうまく接合しなかったりぶつかり合いができたりする状況になると、ヒューマンエラーの発生する可能性が高くなると考えられる。

すなわち、ヒューマンエラーは、この中心にある「L」の波型とそれを取り囲む各要素の波型とがうまくかみ合っていないところに発生しやすいと考えられ、ここにヒューマンエラー発生のメカニズムがある。

次にエラーが発生する例を示す。

(1) L-Sの関連

ソフトウエア「S」である手順書やマニュアルに、とるべき手順が詳述してあっても、読みにくかったり、いろいろな解釈ができたり、あるいはあまりに複雑な手順であったりすると、当事者「中央のL」はそれを守れなかったり、当事者の勝手な解釈で誤った行動をとったり、現場の都合によって手順を省略したりすることがある。すなわち、不適合を生ずる。事例的には、1999年に東海村の核燃料加工会社ジェー・シー・オー（JCO）で発生した核燃料製造中の臨界事故がこの典型である。また、教育システムの欠陥が作業者にヒューマンエラーを誘発させることもある。

(2) L-Hの関連

ハードウエア「H」に関しては、似たようなスイッチが複数あったり、接近しすぎて操作しにくいハンドルや多すぎる警告灯など、機械や装置、計器などが人間「L」の特性とうまく合致しないものが設置されていると、それがエラーの原因となる。また、このような設計上の不備、欠陥だけでなく、複雑な操作を要する機械や装置の場合には、その作動内容が理解されないまま操作してしまうというエラーを誘発する要因となる。1994年に名古屋空港で墜落した中華航空機の事例などがこれに当たる。

(3) L-Eの関連

人間「L」は劣悪な作業環境「E」下で必ずミスをするというものではないが、雑然とした作業現場での工具の取り違えや、不適切な温度や湿度の状況下では意識レベルが低下するなど、これによってエラーが発生する。作業現場というものは、業務上やむを得ず不適切な作業環境となってしまうことがある。それがヒューマンエラーの発生源となることがある。1979年に発生した米スリーマイル島の原子力発電所事故は、不具合がいろいろと日常的になっていたために作業員の行動がわずらわされたのがきっかけとされている。

また職場の雰囲気や上下関係、組織の風土なども、人間行動に大きな影響を与える要因である。2005年4月25日にJR西日本福知山線で発生したカーブにさしかかる際の速度超過による脱線転覆事故は、この事例の一つとして挙げることができる。

(4) L-Lの関連

作業者同士、作業者と管理者、作業者と経営者などの「L-L」相互間における不適切なコミュニケーション、それらの間における権威勾配（主従関係での権威差）、信頼関係の程度などもエラー発生の要因である。もちろんこの「L-L」の関係は、ヒューマンエラーが発生した場合それを是正する要素でもある。コミュニケーションエラーが事故となった典型的な事例は、1977年にテネリフェで発生したB747ジャンボ機同士の衝突であろう。

(5) L-Mの関係

上述のような関連を良好に保ち、安全性を確保しながら品質を維持し、生産性を上げるのは「組織の安全管理や安全哲学」、すなわちマネジメント「M」の役割であり、この「M」との関連においてもヒューマンエラー誘発のメカニズムがある。この典型的な事例としては、1986年に発生した米国のチャレンジャー事故が有名である。

物を設計するのも、造るのも人間、それを使うのも、保守管理するのも人間、組織の安全を管理し、経営するのも人間であるから、機械やシステムとの間に不具合が起こった場合、そこには必ず人間が関与している。これからAIが発達して機械が人間に代わる時代が来ても、そのAIにプログラムを組みシステム設計するのは人間であるから、ヒューマンエラーから逃れることはできない。

一般的にM-SHELモデルの各要素は単一で働くことはほとんどなく、相互に関連しながら時間の経過とともに連鎖していく。それは人間一人一人を取り巻く「M」「S」「H」「E」「L」とのかかわりにより、人間の行動は大きく影響されるからである。事故はそうした関係のインターフェイスの一つに不適合が発生すると、次々に不適合が発生し、その結果「事象の連鎖（Chain of events)」を断ち切ることができなくなって事故に遭遇する。図3-3はこの様子を示している。

不可避点を回避できなかったのは当事者である人間「L」の場合が多いが、この不適合を解消する対策を当事者「L」のみに求めても解決するものではなく、不適合要因となる背後要因、組織要因など「L」以外の要素に視点を移して探すことが不可欠である

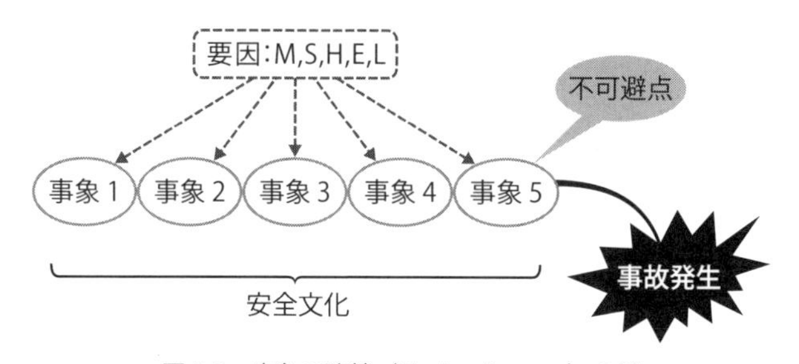

図3-3　事象の連鎖（Chain of events）の例

3.3.2　ヒューマンエラーにかかわる脳の機能

人間が脳で行う情報処理の性能には限界があり、しかもそれは意識水準によって大きく変動する。

人間の脳の作動では、意識的にエラーを引き起こすようなことはないとされる（人間の脳に「エラーをしてやろう」というモードはない）。しかし、人間の脳の最大の弱点は、重要な入力情報を処理する中枢処理系はそれほど大きな処理能力がなく（ニューラル・ネットワークによる同時並列分散処理、並びに高速直列処理は存在するが）、複数の重要な入力情報を同時に処理するのは難しい。このために、情報処理にいくつかの工夫がこらされている。にもかかわらず、この工夫がヒューマンエラーを誘発する要素になることがある。

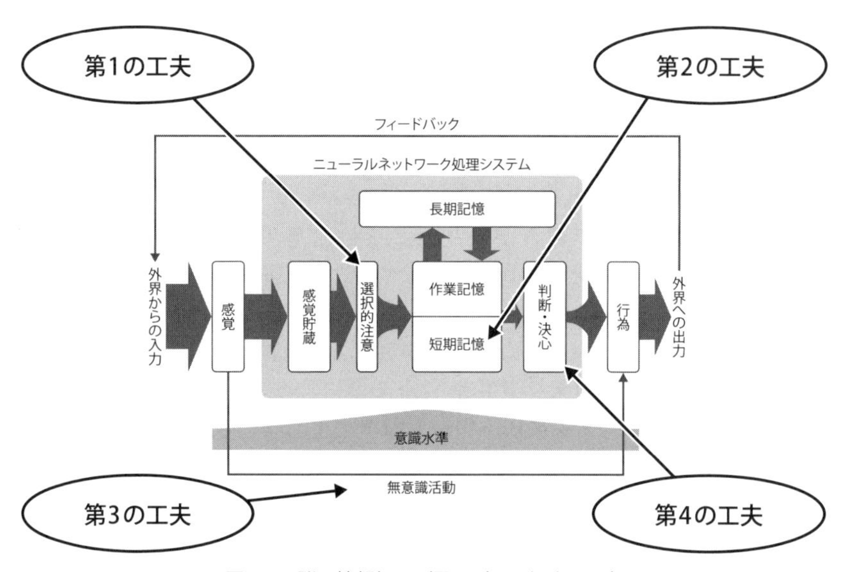

図 3-4　脳の情報処理（図 1-7）における工夫

(1) 第１の工夫（入力情報の絞り込み）の場合

第一段階として、外界刺激の受容器である各種感覚器官は、多様な外界刺激の中から受容器が受容可能な刺激（適刺激）のみを受容する。生命の仕組みから、危険な外界刺激を避けてその生命の生存を可能にする刺激だけを選んで受容するようになっているとも言える。さらに第二段階では、脳は多様な外界刺激の中から必要な情報のみを取捨選択し、受け入れている（選択的注意）。受容器のこの機能及び脳の情報処理が、まさに前処理（当該刺激の利用に必要な処理を生体が行うということ）で、この段階で大量の情報を失うことは不注意などではなく、まさしく人間の特性による能力とその限界であると言える。

人間は生活体験や教育、訓練、作業の目的などにより、情報圧縮や情報選択、特性による濾過、尺度化、編集、コード化、平均化などの処理が行われ、入力情報を絞り込んでいるが、複数の目標が存在するときなどには、優先順位付けの混乱や眼前の目標へのこだわりなど高次意識からの介入によりエラーを生ずる可能性がある。さらには、より基本の情動系、つまり深い悲しみや驚きなどからの即時的介入もある。ここに「不注意」のメカニズムが基本的に内蔵されていると言える。

(2) 第2の工夫（短期記憶の要素）の場合

これは一時的に保持しておいて、中枢処理が空き次第処理しようという機構である。しかし、この機構の容量は魔術的数として知られているように、一度に記憶できる数は「7 ± 2個」と言われている。この数値は記銘材料が無意味な、ランダムに並んだ数字の個数のことであり、意味のある言葉（語）などであれば、同じように7語程度の言葉の塊として記憶される。7語といっても実際には、要素数（字数）にすればはるかに多い。したがって、機械的な丸暗記では記憶量は多くないが、意味や文脈によって、はるかに有効な情報を記憶できるのは、人の持つ記憶特性である。語などのこの塊はチャンクと呼ばれる。

さらに、短期記憶は再生までに許される時間が10から20秒程度と短い。再生は、記銘直後の再生（「直後再生」という）と、行動化するまである程度の時間を費やすので、再生中にどんどん忘れてしまうという短期記憶機能の特性がある。多くの実験対象者が、「もっと覚えていたはずなのに」「こんな程度ではない」と口にするのは、この理由である。しかも他からの情報が入ると（妨害作業による介入で）消去や忘却されてしまい、これが干渉効果（順向抑制、逆向抑制）による忘却、つまり「忘れていた」というエラーを生む素地になっている。

(3) 第3の工夫（出力に直接つながる短絡回路）の場合

入力情報に基づいてすぐに操作できるように、本能的な、行動の自動化や習慣化、例えば、熱いものに触ったらさっと手を引っ込めるといった反射行動はそのまま行為に向けられる。このような行動は自覚したものではないので、エラーを誘発する要素になる場合がある。

あるいは、体温を調節する、血圧を正常に保つといった生体活動も同じである。（無意識活動）

(4) 第４の工夫（人間脳の働き）の場合

伝達過程において、ニューロン（神経線維）を経由するたびに、意図や感情、環境、習慣、雰囲気などにより入力情報は複雑に変形する。この点が人間の情報処理の理解を最も困難にしているところであり、設計図もなく創られた人間のブラックボックスである。熟練者の操作においては中枢の処理速度が速い。そのため熟練者は余裕をもって操作できる。

人間脳はコンピュータの中央処理機能と類似しているとされるが、本能や情緒、意欲などの中枢である原始脳や動物脳などと連携して作動しており、コンピュータと違って情緒的特性や社会心理的特性を持っている。これが「焦り」や「慢心」というエラーの基になっている。

3.3.3　期待値の過大設定

人間は何らかの目標を達成しようとして行動するが、その要求度が人間の能力を超えた過大なものになると、エラーとなる可能性が高い。

視力、聴力ともに、正常な人間がその最大値を正常値として常に発揮しているわけではなく、日常の生活場面における通常値はそれを大きく下回っていることが一般的である。1時間に4km歩ける人間が8時間歩いて32km歩けると期待できないし、朝起きたときの体力や精神力を一日中維持することを期待できるわけでもない。

このようなヒューマンファクターを考慮しない要求を人間に求めること、つまり期待値の過大設定は、必ずや裏切られることとなる。

これはなにも生産目標や受験志望校の偏差値といった具体的な目標ばかりでなく、日常の作業の中に次のような形で現れる。

- 納期や工事日程などの時間的な制約。
- 似たような種類の作業が多いにもかかわらず、現場の注意力に頼る。
- 何らかの割り込み発生が多く、作業を中断することがよくある。
- 同時に複数の作業を並行して行う。
- 業務指示などに変更が多い。

そのような状況下で作業する人間は、次のような行動をとりがちになる。

- 複雑な操作を定めると、その一部を省略する。
- 作業効率を阻害するような安全装置を意図的に外してしまう。
- パニックに陥ったときは、簡単な操作しかできない。
- 簡単に見つからない緊急手順書などは使用しないことが多い。
- 動いている回転体や装置を、なかなか止めようとしない。

- 故障から復旧するために、スイッチ類をやたらといじくりまわす。
- 作業が連続してくると、誤った操作がもたらす結果を考えなくなる。

これらの行動がヒューマンエラーの発生原因となる。

3.4　ヒューマンエラーの分類

ヒューマンエラーの分類は、多くの学者が手掛けている。ヒューマンエラーを分類するのは、再発防止対策を立案する場合に有効であると考えられるからである。

図 3-5 は、前出の J. リーズンが人間の不安全行為を分類したもので、「スリップ（Slips：行為の誤りあるいは欠落）」と「ラプス（Lapses：記憶の誤りあるいは欠落）」及び「ミステイク（Mistakes：計画・判断自体の誤り）」が主要エラーであり、これを人間の「三つの基本エラー」と称している。

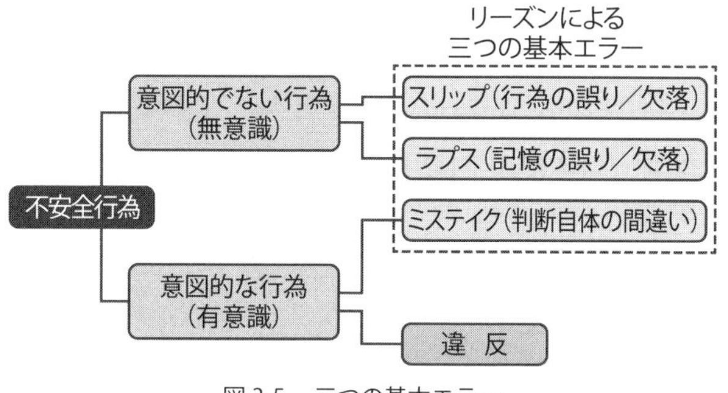

図 3-5　三つの基本エラー

この他にも、発生傾向から分類したランダムエラー、スポラディックエラーといった分類や、やるべきことをやらなかったオミッションエラーとやってはいけないことをやってしまったコミッションエラーの分類などがある。

しかしこれらの分類は、発生したヒューマンエラーを傾向別に分類したもので、結果に準拠している。そこで、日本ヒューマンファクター研究所はヒューマンエラーの発生源に注目して、次の四つに分類している。(図 3-2 参照)

① 知覚のファクター
② 記憶のファクター
③ 判断のファクター
④ 行為のファクター

このようなエラーの分類をなぜするかというと、同じ分類に入るエラーには同じ対策が適用できるからである。例えば日本ヒューマンファクター研究所の分類に関しては、表3-1にあるような対策が考えられている。（エラーレジスタント及びエラートレラントに関しては、後述の3.6.2を参照のこと。）

表3-1　エラー対策の例

	エラーレジスタント（エラーの発生防止）	エラートレラント（被害の拡大防止）
知覚のエラー	色分け、形状を変える 作業環境の改善	多重表示 声だし確認
記憶のエラー	作業指示票、チェックリスト	警告音、警告灯 アナウンシエーター
判断のエラー	KYM、TBM、ブリーフィング 価値観の教育 時間的余裕の確保	フェイルセーフ ダブルチェック TRM（チーム作業）
行為のエラー	フールプルーフ、整理整頓 TAG OUT/LOCK OUT チーム能力向上	インターロック チームモニター

3.5　現場に現れるエラー発生要因

ヒューマンエラーは同じような条件、状況に置かれれば、誰にでも起こりうる。しかし、初心者とベテランでは仕事のスキルに差があるため、また、その知識や経験に大きな違いがあるため、エラーの発生要因は変わってくる。

3.5.1　初心者行動に現れるエラー発生要因

初心者に多く現れるエラーはKB（知識ベース）かRB（ルールベース）の行動において多く見られ、その要因として、次に示すものがある。（KB、RB及びSBについては第1章参照）

- 感覚、知覚情報の取捨選択がうまくいかない。
- 感覚、知覚情報が過剰となって混乱する。
- 感覚、知覚情報の統合化、時系列的処理ができない。
- 知覚感度が低い。
- 短期記憶を使用する余裕がない。
- 記憶量が少なく、適合する情報が不確実で円滑に引き出せない。
- 決心がつかずに迷う。

- 予測の幅が狭い（すぐ直前のことしか考えられない）。
- 最も重要なことに焦点を絞り切れない。
- 外部からの割り込みで全体の手順が乱れる。
- 操作が遅れ、円滑さを欠き、ますます忙しい状態になる。
- 最悪の状態になるまで気づかない。
- いつも余裕がなく、緊張状態にすぐ陥る。

すなわち初心者はSB（熟練ベース）で行動を確実にこなすことが求められているため仕事に集中する必要がある。しかし、マネジメントに専念すべき管理者が現場の作業にかかわると、全体を見る大局的な視野が薄くなり、戦略のタイミングを失することがある。

3.5.2　熟練者行動に現れるエラー発生要因

昨今の事故や災害を見ると、ベテランと言われる作業者にもエラーが多く発生している。知識ベース（KB）や規則ベース（RB）の行動の熟練ベース（SB）化において見られ、次のような行動が共通していることが多い。

- 仕事や作業の内容を熟知しているがゆえに、憶測に陥ったり、思い込みに走ったりする。
- 一般的には苦労せずにスムーズに仕事ができるが、割り込みに弱い。
- うまく巧みに仕事ができるが、自惚れが生まれ、確信ミスが発生する。
- ベテランはミスが少ないと言われるが、ミスは起きることがあり、自分のミスには気づかないことが多い。
- 速く仕事ができるが、無意識行動となって操作の抜けが出やすい。
- コツを呑み込んでスムーズに、速く仕事ができ余裕が生まれる。しかし反面、緊張感が低下する。
- 仕事のコツを心得ているので不必要なことはしない。逆に気配りが悪くなる。
- 仕事を体で覚えているためか、他人にはうまく教えられない。
- 長年慣れ親しんだ自分の仕事にだけ興味を持つようになり、他のことに関心が薄くなり視野が狭くなる。

熟練者は「先読みができる」「機転が利く」などの特徴があるが、「先読みができる」ことは「思い込みに走る」ことでもある。また「機転が利く」ことは、「手順飛ばし」という相互矛盾の関係があり、絶えずエラーを起こす危険性をはらんでいることに注意しなければならない。

3.6　組織エラー

これまで「人間」単体に焦点を当ててエラーを考えてきたが、作業時の条件や環境、組織風土などに十分な関心が払われていない「組織」でも多々起こりうる。

これらの組織エラーには、不適切な訓練、コミュニケーションの欠如、完成度の低い手順書、ヒューマンマシンインターフェイスの設計にかかわる不具合などがある。

一般的に組織のエラーで発生した事故では、その被害は甚大で悲惨である。したがって、多くの社会工学システムにおいては、当事者のエラーのみでシステム破壊が起こることがないよう、システム全体に多重防護を施すのが基本である。

組織やマネジメントに起因するエラーを「組織エラー」と呼ぶ。例えばマネジメントの意思決定上のエラーや営利優先の企業文化などは、安全を崩壊させる最も大きな背後要因となっている。

組織エラーに起因する事故を分析すると、大災害が起きるにはいくつかの前提条件があり、それは識別、予知可能な組織的なエラーにまで遡ることができる。かつ、大災害に拡大するまでに、そのエラー要因は長期間潜伏していたこともわかってきた。

この潜伏の様子は図3-6に示す氷山に似ており、水面下の氷塊は深く静かに潜伏しており、水面上に出ている氷山の何倍も大きい。そして平素は気づかれることがない。

組織エラーの多くはこの水面下の氷と同じように、事前に発見されにくく、是正改善されることは少なく、組織内部に潜在している。

3.6.1　組織エラーの種類

組織エラーもヒューマンエラーと同様に、広範囲かつ複雑多岐にわたるものであり、整理すると次のようになる。

①　監視エラー

現場の作業状態、作業環境などのモニターの失敗。安全規則、手順などの違反。不安全状態、不安全行動の見落としなどがある。

このような見落としが連続すると、それらの行為が許容されたものと見なされ、事故災害へと転がり込む。

② 設計エラー

設計基準や変更の見落しのほか、ヒューマンエラーを極力減少させるように考慮した設計（人間工学的なインターフェイスデザイン）やシステムづくりが不足あるいは失敗している。

図 3-6　氷山とエラー

③ オペレーションエラー

プラントの運転やそのマニュアルなどの設定に無理がある場合に起こる。「マニュアルはオフィスで作られ、失敗は現場で作られる」といわれる。

「無理をさせ、無理をするなと無理を言う」ことのないように、マニュアルはユーザーフレンドリーであるべきであり、その作成には現場の人間の意見を十分に活用する必要がある。

④ 保守エラー

定常作業や本業における安全管理は万全であると思っていても、保守点検、定期点検中などの安全確保に対する管理上の欠陥があると発生する。

⑤ 危険予知エラー

現場や組織における危険兆候を管理者や組織が見落とすことがある。人間の健康は早期発見、早期治療と言われているように、予防安全は危険予知に始まる。現在は、墓石安全から予防安全へ、そしてさらに予知安全へと安全管理手法は変遷している。（第 10 章参照）

⑥ リスク管理エラー

リスクアセスメント、リスク低減の失敗などリスクマネジメントの失敗である。事故災害の発生は、制御不可能な事象ではなく、特定のリスクが十分に管理されていなかった証拠であると考えるべきである。（第 5 章参照）

⑦ 危機管理エラー

不適切な経営管理、3C&2I（Command, Control, Communication & Information, Intelligence）の失敗などで起きる。現場単位で最適化がなされていても、各事業所、工場あるいは全社的視野に立脚した危機管理がなされていない。すなわち安全は現場任せで、トップの安全に関するコミットメントが現場まで浸透していない組織で起きる。

⑧　教育と訓練のエラー

ポリシー、目標の不徹底などで起きる。現場作業者は組織の一員であり、そこでは作業分担、連携のあり方、作業の目的や権限の容認などが存在する。また、作業者の姿勢や行動などは、組織においてなされた教育や訓練、さらに規範などとのかかわり、組織の持つ性格や考え方を反映している。組織文化の問題と関連している。

このような問題は、組織の危険や不安全に対する免疫不全の症候群であり、ここで発生したエラーは、致命的な結果に結びつくおそれのあるエラーである。しかしあまり顕在化しないため、また直接的に事故や災害の引き金になることが少ないために、十分に注意が向けられていないことが多い。これらの組織エラーは、第2章で述べたM-SHELのすべての要因に関係するが、最近の事故災害例は、特に教育・訓練方式や規則、手順書、情報など「S」と、作業者や管理者など「L」、それに経営者、組織の管理や安全哲学などといった「M」との関係に重大な問題が長期にわたって潜んでいた結果生じていると言える。

保守保安、安全管理に対する努力は、当事者個人のエラーを最小限にする努力を重ねるとともに、このような組織のエラーを発見し、解決する方向になされるべきである。これらの組織要因を含む事故から、要因や対策を見出す手法が根本原因分析法である。（第6章参照）

3.6.2　組織におけるヒューマンエラー管理

ヒューマンエラーの管理は、安全を管理する管理者の最も手腕が問われる部分であり、人間が間違いを起こさないような環境や状況を創ることは組織の責任である。ヒューマンエラーは避け難いということを理解すれば、ヒューマンエラーは起こり得るという前提で対策を幅広く検討しなければならない。

ヒューマンエラーに対応する手法として、従来エラーに対する耐性を強くする（エラーレジスタント）手法が主にとられてきた。現在はこれに加え、エラーは「誰にでも何処でも何時でも」起こりうることを認識、かつ前提とし、それを許容する（エラートレラント）対策を併せて行うようになってきている。

(1) エラーレジスタント手法

エラーを発生させない方策であり、例えば機械の設計によってスイッチの位置や形状などで間違い難くする方法（M-SHELモデルのS、H）や、自動化して操作上のミスを防止する方法（H）などがある。また手順やチェックリストなどによってミスを防止する方法（S）もある。人間（L）に対しては、教育と訓練、特に意識付けの教育と、ノンテクニカル訓練（第7章参照）を通じてミスの発生を少なくするようにする。基本的には、エラーを起こさないための総合的方策となる。

(2) エラートレラント手法

エラーの発生を防げなくても、エラーによる実害を避けたり局限化したりする方策である。その一つが多重防護という考え方で、事故の因果形成の連鎖の過程にいくつかの防護壁を設定し、作業者の不安全行為が発生しても、いずれかの防護壁が働いて事故につながらないようにしようという取り組みである。しかし、J. リーズンが指摘するように、その防護壁は決して完ぺきではなく、瑕疵が存在するものである。

そのため複数の防護壁があっても、運悪くその防護壁の瑕疵ある部分が重なってしまうとリスクはそこを通り抜けてしまい、事故となる。図3-7は、J. リーズンの言うスイスチーズモデルである。スイスチーズとは、スイスのエメンタール地方で生産されているエメンタールチーズで、製造時の発酵により気泡が生じ、切ってみると小さな穴が多数空いている。J. リーズンは、これを防護壁の欠陥にたとえた。

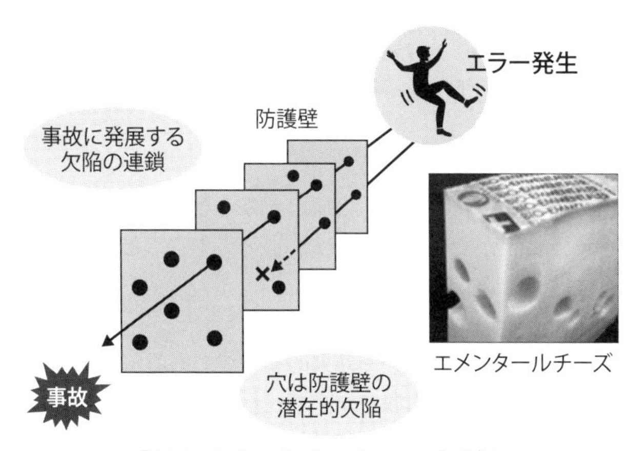

図3-7　J. リーズンのスイスチーズモデル

また、エラーを事故に結びつけない方策には、発生したエラーに気づかせ、修正する方策もある。基本的には、人間の行動をモニターする方法が主体となる。セルフモニター、チームモニターは「Lによる対応」であり、警報装置やインターロックなど、機械によるモニターは「Hによる対応」である。例えば航空機を操縦する際には、機長と副操縦士がお互いの行動をモニターし合っているし、パソコンには操作エラーがあると警告を発するシステムもある。すなわち、エラーによる被害を局限させる対策を準備しておく方策である。

このような考え方を、実作業実施過程に従って分析し、再発防止対策を段階的に考えたのが図3-8に示したエラーの防止対策の段階のモデルである。

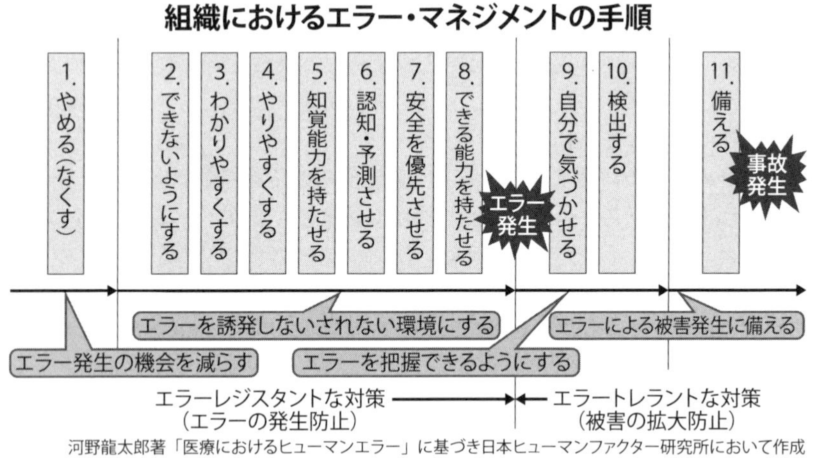

図3-8　エラーの防止対策の段階

第1ステップ：やめる（なくす）

人間の行動がヒューマンエラーの原因とみるならば、その行動をやめれば防げる。やめることができない場合は、自動化することができればこの段階での人間のエラーはなくなる。

第2ステップ：できないようにする

自動化はエラーの防止について効果的な方法であるが、一般的にはすべてを自動化するのは難しく、人間の作業が残る。その場合に間違いをできないような仕組みにすれば、エラーを防ぐことができる。例えば電気機器に見られるように、接続されているケーブルのコネクター形状をそれぞれ変えてあるのは、間違った接続ができないようにするためである。

第3ステップ：わかりやすくする

形状を変えて間違えないようにしても、同じようなものが多数ある場合は、それぞれを色分けしたり、番号を付けたりして区別して対応している。

第4ステップ：やりやすくする

区別するため番号や記号を付けても、それが飛び飛びの順であったり、記号が複数あったりすると、どこかで間違えることがある。人間にとってやりやすい仕組みで対応する必要がある。コンピュータのデータ入力作業での手順の見直しに対して、照明を調節し、さらに足の高さを変えて楽な姿勢でできるようにしたことで入力エラーの発生率が大幅に減ったという報告例がある。

第5ステップ：知覚能力を持たせる

作業をする中で、どこにどのような危険があるか、それをどのようにして防ぐかというような知識を教育や訓練によって高める。

第6ステップ：認知・予測させる

人間が作業する場合、注意力が低下していると間違っても気がつかない。しかも作業している間の注意力は一様ではない。しかし、間違えると影響が大きいことを意識して行動すると、注意力は高くなる。

危険予知訓練（KYT）などで行われている危険の予測はそのためである。さらに自分の行動を、第三者的に疑いの目を持って見ることも重要である。

第7ステップ：安全を優先させる

安全性と生産性とが相反する関係になる場合がある。例えば商品の欠陥が判明してもリコールを躊躇する場合などである。しかし安全性を優先しなかったために重大な事故を起こした例は数多くある。迷ったら常に安全サイドを選択する習慣が必要である。

第8ステップ：できる能力を持たせる

安全の確保やシステムの品質保証では、機械が設計どおりに作動することのみならず、人間も必要な身体能力を含めた技能を身につけておくことが必要である。

第9ステップ：自分で気づかせる

自分の実施した作業に関し、自ら状況の異常に気づくことは非常に難しい。作業を終了した後に自分でもう一度間違いがないか、チェックリストを利用して確認することは通常行われている。実施した作業を逆の手順で確認することも有効である。

第10ステップ：検出する

作業中や作業が終了した時点で、結果を別の人間にも見てもらうと、エラーを発見することがある。いわゆる検査や二重確認あるいは第三者確認である。

　エラーの発生を警告できるような装置も有効である。

　チームで作業する場合は、メンバー間の相互モニターが効力を発揮する。検査は、作業者と異なる立場で見るためエラーを発見しやすくなるが、検査をする者の完全な独立性が保たれないと十分な効果は期待できない。

第11ステップ：備える

　エラーの発生を完全になくすことは非常に困難である。種々の予防対策を設けていても、時にはまったく思いがけないことが起きることがある。このため、異常事態が発生しても組織としては被害を最少限にとどめるバックアップシステムの構築や作業者に対応訓練を充実させるなどが有効となる。

　想定外を想定内に置くことのできる予測力やそれを可能にする論理性、時には想像力や創造力も必要であろう。

(3) スレット対策

　エラーの前段階には「エラーの兆し（スレット）」が存在する。これの予防策をTEM（Threat and Error Management）と言う。TEMについては第7章を参照のこと。

3.7　決められた手順からの逸脱

　最近、現場作業者が決められた手順を守らないために事故やトラブルが発生するケースが多い。このようなケースのほとんどは、ルール違反というよりは、決められた手順からのちょっとした逸脱と考えられる。例えば、暑いのでヘルメットをかぶらない、高所作業なのに面倒なので安全帯を固定しない、指差し呼称して確認することになっているのに指差し呼称しない、指揮者の確認をとってから作業することになっているのに確認せずに作業を始める、などなど枚挙にいとまがない。

　そしてこれらの逸脱は、見逃していると徐々に頻度と逸脱の程度が拡大していく傾向がある。

- 手順書では必ず検電することになっているのに、いつも作業時には停電処置をしているところだからと検電せずに作業を始めてしまう。（電力会社）
- 高速で回転している巻取り機に付着したごみを、回転を止めないで手で取ろうとする。（製紙業、鋼板圧延工場）
- いつもこの時間には他の作業がないので危険はないと考え、決められた確

認をせずに作業に没頭してしまう。(鉄道)

など、これまでも多くの事例が報告されている。

このような「ちょっとした手順からの逸脱」は、ヒューマンエラーに分類するべきなのか、J. リーズンが提唱している「違反」に分類すべきか悩ましいところである。しかし、無意識な逸脱については、ヒューマンエラーと考えても差し支えないであろう。これはヒューマンエラーの分類でいえば、「判断のファクター」に含まれる目標選択の誤りと考えられる。

作業現場における逸脱はほとんどこのようなものであるが、中には意図的な逸脱も見られる。それも、最初はちょっとした手順からの逸脱で済んでいるのだが、それが修正されないと逸脱の程度が大きくなったり、逸脱の頻度が常習的になったり、エスカレートしてしまうことがある。そして徐々に遵法性がマヒし、ついには故意の違反がまかり通ることになる。これを図示すると、図3-9のようになる。

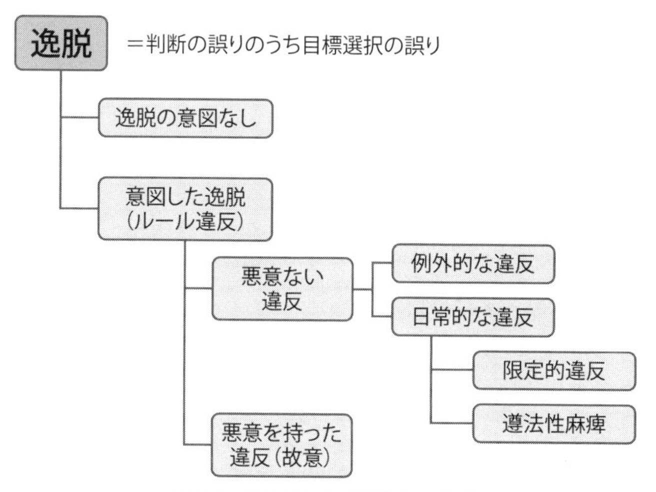

図 3-9　決められた手順からの逸脱

この図で、「逸脱の意図なし」の場合は、上述のとおりヒューマンエラーのカテゴリーに入ると考えられるが、「意図した逸脱」から「限定的違反」については、最近ピンク（PiNC：Procedural Intentional Non-Compliance）と呼ばれ、問題になっている逸脱行動である。これらの行動が見られた場合は必ず指摘し、的確に指導するなどしてそれ以上に進展しないような手筈を取らなければならない。

最後に見られる「遵法性の麻痺」と「故意」は、必ず指摘して行動を修正するよう教育指導することは同じであるが、罰するかどうかは議論のあるところである。

例えば、鉄道の運転士が自分のエラーで自動列車停止装置（ATS）を鳴動させてしまったという事例を考えてみる。この件に関して処分を恐れた当該運転士は、ATSシステムをハンマーで叩き壊し、「車載のATSが壊れていました」と申告した。このような場合、その運転士を懲罰委員会にかけるべきか、教育指導して行動を変えさせるべきかを考えてみる。

もし、職場にヒューマンエラーを罰する雰囲気があったことによって彼がこのような行動をとったとすれば、彼の行動を罰するよりは、エラーから学んで改善のきっかけにするような雰囲気にすることが対策になると考えられる。人間の行動を変えるためにはM-SHELモデルの中央のL（当事者）の周囲のM、S、H、E及びLに対策を講じることが基本で、罰すること以外に方法がないという場合にのみ、懲罰は使われるべきである。

3.7.1　決められた手順からの意図的な逸脱

2010年代当初から航空業界において広く使用されている安全監査方式（LOSA：Line Operation Safety Audit）の監査役からPiNCと題された報告書が提出された。きっかけは、当時起こったある航空事故がこの標準手順からの意図的な逸脱が原因となって発生したことにより、警鐘として提出されたものである。

しかし、その後航空界では様々なデータから意図的な逸脱は少なくなったと言われており、あまり取り上げられることはなくなってきた。

しかし、日本ヒューマンファクター研究所がかかわってきた航空以外の業種においては、標準手順からの意図的な逸脱の事例が表面化してきている。

J.リーズンは不安全行動の分類の中に、「ヒューマンエラー」とともに「違反及び逸脱」を入れている。

(1) PiNC（Procedural Intentional Non-Compliance）

PiNCが想定している逸脱とは、標準手順からの逸脱であって、法令、会社の規定及び業務規程等の規定違反は含まれないと定義している。ミステイク、不注意及び注意散漫などで起こる意図しない出来事は過失であり、これも対象とはしていない。

航空界における標準手順とは、通常SOP（Standard Operation Procedures）

と呼ばれる航空機を運航する操作要領などがまとめられたもので、繰り返し訓練されているから操縦士が知らないということは一般的には考えられない。それにもかかわらず、標準手順からの意図的な逸脱が起こるのは、何か特別な周囲の状況が関与していることが多いということはデータも示している。

例えば、操縦士に対して運航管理者が急ぐように駆り立てていたとか、雷雲が飛行場に近づいていたとか、管制官が厳しい天候の悪化を伝えていたとか、副操縦士が適切なアドバイスをしていないとか、もはや引き返せなくなって着陸を強行したという切羽詰まった状況である。

何故 PiNC が起こるかというと、報告書では三つの要素が関与していると説明している。

- Reward（得をする）：メリット、効果、見返り
- High probability of success（うまくいく）：成功する確率が高いこと
- No adverse reaction from peers（反対がない）：周囲の人間が誰も反対しないこと

報告によると、これらの3要素は必ず同時に存在している。これは、どれか一つの要素をなくすことができれば、一連の過程を止める可能性がある。

まず、PiNC を起こさせるのは動機である。動機は様々で、自分自身あるいは会社にとって経済的あるいは効率的なメリット、仕事を最後まで終わらせたい、職務を全うしたいという欲望、乗客を目的地に連れて行きたいという義務感、ときには早く家に帰りたいという個人的な都合などである。

次は、成功確率の評価である。端的には失敗して事故になるか否かである。技術的にどうか、能力はあるか、設備や機械は頼りになるか、不都合はないか、最悪の事態は想定できるかなど、おそらくほとんど無意識に行われる過程を経て、大丈夫だろう、うまくいくだろうと結論付けられたとき、その不安全行為は実行される。

次の条件を見れば、職場風土にも関係していることがわかる。

良くない職場風土の組織は、その風土が PiNC を繁殖させることすらあり、PiNC を、後押しするばかりでなく暗黙の要求をすることさえある。

良い職場風土の組織においては、手順逸脱に対して誰かが警鐘を鳴らす。仕事を常に正しくやることを皆が考えようとしているからであろう。

ほとんどの PiNC は何事もなく終わるので見過ごされがちである。しかし、PiNC がきっかけとなった事故は多い。人は自らの能力を過信し、状況を甘く考えるからである。

規則違反の第一の理由は、メリット、効果、得をすることであると述べた。

ここで仕事をする上で重要かつ好ましい資質とされている積極性や善意ですらPiNCの動機となることを考えてみたい。

アメリカで紹介された事例である。飛行機の到着が遅れた上に、駐機スポットの調整が遅れ、広範囲にわたるスポット変更があった。せっかく到着した飛行機が駐機スポットの間近まで来たが、誘導員の配置が間に合わずスポットに入ることができなかった。地上係員が機転を利かせ、誘導員の役割をして飛行機をスポットに誘導した。地上係員は毎日彼らの作業を間近で見ていたために作業の一部始終を覚えていたのだ。乗客も出迎えの人々もこの機転をたたえた。飛行機の遅れを最小限にとどめたヒーローである。降機のためにタラップも素早く取り付け拍手喝采を受けた。しかし、タラップを安定させるための固定装置をセットしなかった。彼は誘導員の資格を有していなかったために、正確な知識を持ち合わせていなかったし、そこだけ見逃していた。不安定なタラップを使って降りてきた最初の乗客がタラップから転落した。

お互いに相手に気遣い、思いやって作業することは少なくない。多くの社有車を所有する会社では毎週のように点検や車検が行われている。今日も1台の車検終了車が納入される予定であった。担当者は予定時までに他の作業を終了すべく忙しく立ち働いていた。業者が車検終了車を納入してきたのは定刻より15分早かった。業者は忙しくしている担当者を見て、気を利かせて、車庫に車を入れてカギを事務所に持ってきて、「○○さん、車を持ってきました。すでに車は車庫に入れました。書類とカギは机の上に置いて行きます。ありがとうございます」と告げた。この会社では検査終了の際には、業者と担当者が車庫で立ち合って、書類とカギを直接受け取ることが手順として決められていたが、この手順から逸脱していた。しかし忙しい時期であったので、「ありがとう」と答えて、あとで書類を確認しようと考えた。次の日、他の職員がこの車両を運転してコンビニの前に停車していた。このとき通行人がその車検切れを発見し、指摘したために、この車両はその場から動くことができなくなった。担当者は後刻しようと思っていた書類の確認を忘れていた。車検が終了したはずであったが、実は業者の勘違いで、定期点検のみが行われていた。

善意や積極性は、時には能力や資格を超えて手出しをしたり、手助けをするようなことになる。それがPiNCの背景となり、逸脱の原因となることがある。

(2) PiNCが起こる理由

一般産業における標準手順の位置づけは組織によって様々で、例えば作業標準書と呼ばれるものは、業務を構成する一連の定型的な業務処理を記述した文書であって、「作業基準書」「作業手順書」「作業指示書」など種々の名称があり、監督官庁の認可や届出が必要なものや、単なる職場ごとの決めごとなど様々である。したがって、標準手順を厳密な意味で定義することは困難であるが、「標準手順からの意図的な逸脱」は、一連の定型的な業務処理の手順や一部のルールからの逸脱と解釈できる。

一般産業においてよく言われる事柄として次のようなものがある。（第1章参照）

- まだ身についていない

  初心者においては、技術が身についておらず、しばしば混乱や不安な状況に陥る。このような状況において意図的な逸脱が起こりえる。

- 善意や好意

  すでに説明したとおり、初心者、熟練者いずれにも現れる。

- 良い格好しい（自信過剰）

  ベテランになると、多少の逸脱もいとわず鮮やかな手並みを誇る作業者を目にすることがある。例えば、安全帯を親綱にかけずとも落ちないという自信である。面倒な手順を省いているので、人より素早く動けて仕事も早いというのは自己満足であろうが、自慢にはならない。リスクテイキング行動の一つと考えることができる。

- 面倒な手順の手抜き

  もともと人間はズボラで、いつでも楽をしようと狙っている。

- 逸脱しても何も問題はないという考え

  もし手順を逸脱しても何のトラブルも起こらなかったら、一般には人間はこれでも大丈夫と学習してしまい、次回からも同じ手順の逸脱をする。しかし、逸脱が必ず事故につながることはなくても、いつか事故の引き金になることがある。

- 皆がやっているからという考え

  楽なやり方を見つけるとみんなが見習うようになるので、誰も異を唱える者がいないと、それが職場のあたりまえの景色となってしまう。

- 組織がこれを望んでいるという感覚

  コストを下げるとか、時間を短縮する必要があるなどの問題を抱えている組織では、それらの問題の解消に貢献するような逸脱には多少目をつむってしまうことがある。しかし、これが放置されると、いつしか「組織がこれを望んでいるという雰囲気」が出来上がり、逸脱が日常茶飯事となる可能性がある。

(3) リスクテイキング行動

リスクテイキング行動は違反や逸脱の原因となる行動であり、実は人間の特性の一つと言える。これは、PiNCの一部をなす部分である。

リスクテイキング行動とは、自分の意思でリスクを負った行動をとることである。職場では「不安全行動」と呼ばれることが多く、安全規則違反につながる。リスクテイキング行動に相反する言葉は、危険回避行動で、危険を回避する行動である。

リスクテイキング行動の例としては、次のようなものがある。

- 自動車の運転でスピードを出す
  時間的に早く目的地に着けるような気になる、あるいは爽快だから。しかし、事故の危険が増す。
- 駅の階段を走り下りる
  電車に間に合わせることができるが、転ぶ危険がある。
- 回転体に手を出す
  回転体に手を出すのは意図的な理由があることが多いが、手などが巻き込まれる危険がある。
- 安全帯を装着せずに高所作業をする
  ほとんどの場合装着するのが面倒という理由であるが落下の危険がある。

リスクの知覚について、リスクの存在自体に気づいていない場合、あるいはリスクを知覚していない場合は、容易にリスクテイキング行動が選択されてしまう。仮にリスクが知覚できたとしても、リスクを過小に評価することが非常に多い。

リスクの大きさを決定する要素は「事故の起こる確率」と「事故が起こったときの被害の大きさ」であるが、これらの要素の評価はもちろん人によって異なる。しかし、一般的に「事故の起こる確率」は低く、「事故が起こったときの被害の大きさ」は小さく見積もられやすいと言われている。

次に意思決定については、リスクを回避するか、リスクをとるかを判断する基準は、リスクの大きさだけではなく、リスクを選択しても得られる価値（効用・リターン）が大きければリスクのある行動をとることになる。効用とはあえて言えばリスクテイキング行動の結果の効き目のようなものである。

自動車のスピードを出すことに対して、時間的に早く到着する気がするとか、爽快に感じるというのは、効用である。駅の階段を走り下りることで発車間際の電車に間に合うことができれば、大きな効用である。

「成功確率」も重要な要素と考えられる。一般的に若い人のリスクテイキング行動の傾向が強いといわれるのは、若い人は体力もあり反応速度も速いため、成功確率が高いことが関係しているためであろう。

普段、適切な判断ができていても、リスクと効用、成功確率についての冷静な判断ができなくなることもある。特にあせりや怒りといった感情が高まった場合などで、効用のみに注意が向き、リスクが過小評価されたり無視されることさえある。

リスクテイキング行動を一概に責めることができない理由がある。リスクテイキングは人間の特性である。人間の現在の知識体系の構築に大きな力となったのは試行錯誤である。失敗を恐れて、リスクをとらない行動ばかりしていたら、現在の繁栄はなかったであろう。登山やバイクやスキーなど、ほとんどのスポーツにおいても様々なリスクが存在するが、多くの人々がこれを楽しんでいる。また、投資などの利得行動も多くのリスクがある。宝くじなど当たる確率を考えれば、買う人がいること自体が合理的には信じられないことである。他方、ことに創造的な発見や発明などをはじめとしたリスクテイキングな挑戦は、人の成長の過程では必要なこととして受け入れられているのである。

(4) リスクテイキング行動の対策

職場においてエラーにつながるリスクテイキング行動をなくすためには、基本的には、リスクテイキング行動ができないようにすることである。しかし実は、これが大変難しい。たとえ、保護柵やインターロックなどを設置しても作業者がこれを外してしまうことがある。

リスクテイキング行動の動機となる「効果」をなくすために、面倒な行動を簡単に行えるような工夫も必要である。例えば回避行動をとってもらいやすくするために「迷ったら止める」などのラインの停止権限を誰でも気兼ねなく行使できるようにしている組織もある。ところが、どこかで停止権限が行使されるとライン全体に影響が出るために、仲間への迷惑を忖度したり、権限行使の事後措置が面倒であったり、別の面倒な面が回避行動を躊躇させていることがある。

理論的にはリスクテイキング行動の成功率を下げることも防止策の可能性としては考えられるが、やはり実行は難しいと考えられる。

結論的にはリスクテイキング行動に対して、仲間からの制止する雰囲気や、回避行動を責めずに称賛するような職場風土の醸成が必要と考えられる。

同時に、規則違反を議論する前提として、作業手順やルールが通常の努力で達成可能なものであるか、そのルールの存在が明示されているか、その手順を守る合理的な理由が存在しているかなどを検証すべきである。

もし、ルールに同意できないとか、そのルールに意味がないと感じていたり、ルールを守ることが難しい環境があれば、ルールを維持することは難しい。

(5) 意図的逸脱行動の対策

一般的にはヒューマンエラーは処罰してもなくならないと言われている。ヒューマンエラーはM-SHELモデルにおける人間（中心のL）そのものの特性及びそれと周囲との不適合がエラーの原因となっている。不適合があると誰かがエラーを起こす。したがって、ヒューマンエラーは本人に責任を負わせるのではなく、背後要因を改善することによりエラーを少なくしなければならない。

では、このような標準手順からの意図的な逸脱に対して、対策があるだろうか。例えば、建設現場や土木現場の転落事故の原因としては、安全帯が適切に使用されていないケースが多い。海外の事情を聞くと、安全帯の不適切な使用によって発生する転落事故は意外にも多くはないと聞く。安全帯の不適切な使用によって起こった事故はほとんど労災の補償対象にはならない。このように労災の認定状況が安全帯の不適切な使用の歯止めになっているように、標準手順からの意図的な逸脱に対して何らかの対策が必要である。広範囲に適用可能な防止策としては、事故になる、ならないにかかわらず、標準手順からの意図的な逸脱を周りの人間から指摘できる雰囲気を作ることである。

第4章　疲労とストレス

人間の特性に影響を与えるものに疲労と睡眠がある。また環境がもたらすストレスも同様である。本章ではそれらについて述べる。

4.1　疲労と睡眠

疲労は、日常生活の中で誰しも経験することである。また、身体的作業であれ精神的作業であれ、仕事に伴う疲労が生ずることも経験している。社会的にも働き方改革が叫ばれ、働く時間の上限が議論の的になっている。これらの背景に疲労の問題が存在することは言うまでもない。

一方、疲労と睡眠とは密接に関連し、疲労の主たる原因に、睡眠が十分にとれない睡眠不足や、睡眠が適切にとられなかったことが関係していることは、日常の中でも、また研究室レベルでもよく知られている。

ここでは、疲労について考えながら、両者が密接にかかわっていることを理解していきたい。

4.1.1　疲労について

疲労について国際民間航空機関（ICAO）では、疲労を「睡眠不足あるいは長時間起き続けたことによりサーカディアンリズム（第1章参照）が密接に関連し、精神的な作業や、身体的作業のパフォーマンスが低下する生理的な状態」と定義している。

疲労は身体内部の状態であるため、生理学的活動や主観的な感情に影響される。「疲れたぁー」とは、日常ではよく発言される言葉である。

航空界では疲労をリスクと捉え、疲労リスク管理システム（FRMS：Fatigue Risk Management System）が徹底して行われている。航空機の運航を例にとれば、乗員が安全に仕事を遂行する上で、疲労は最も重要なヒューマンファクター的課題と言える。

2009年ICAO付属書6に疲労をリスクと捉え、しかも管理する指針が示されたことにより、この考え方が広まってきた。わが国では、2017年に国土交通省航空局から航空関係者に対し、疲労リスク管理の導入に関する指針が示された。疲労をリスクと捉える考え方は、航空関係に限らず、すべての職場環境、そして家庭の中でも必要な考え方である。

4.1.2　疲労の評価・測定法

疲労は、いずれの職場においても、家庭の中でも重要な課題であるが、残念ながら疲労に対して、酒気帯び検査器のような生化学的な測定器はない。しかし直接測れないからと言っても、疲労の問題は作業関連の中で、重要な問題である。

疲労そのものを直接測れる器材はないが、間接的に測定する手法として、今まで研究の分野で広く使われてきた評価手段を次に示す。

① 主観的評価：一般的に使われるものは、「自覚疲労症状調査表」である。よく知られているものに、日本産業衛生学会の自覚疲労調査法がある。Ⅰ群は、身体的疲労感（頭が重い、身体がだるい等）、Ⅱ群は、精神的疲労感（考えがまとまらない、いらいらする等）、Ⅲ群は、神経的疲労感（肩がこる、口が乾く、息苦しい等）と三つの群から構成されている。

② 客観的評価：生化学的な評価として尿中カテコールアミン、唾液コルチゾールなどが使われている。

③ 電気的評価：作業負荷を測定する場合、心拍計がよく用いられたが、疲労測定では、結果の解釈が難しい。

④ フリッカーテスト：フリッカー測定器による測定で、携帯可能な測定器であるため、よく使われている。ちらつき値が一点に見えるときの判断が個人内でのばらつきが大きいため、測定前に、被検者はこの測定器に習熟する必要がある。

4.1.3　疲労が原因となった世界の大事故

世界で初めて航空事故調査報告書に事故原因として乗務員の疲労が挙げられたのは、1993年8月18日に発生したアメリカンインターナショナル航空808便の墜落事故である。チェンバーズ海軍基地を離陸し、キューバとの国境から0.75マイル東に位置しているグアンタナモ基地のリーワードポイント飛行場に着陸しようとしていた808便（ダグラスDC-8型貨物便）が、最終進入中に失速して墜落し、乗員3人が重傷を負った事故である。

その他にも疲労が原因に挙げられた航空事故は、少なくとも2件ある。

ひとつは1997年のコリアン航空801便墜落事故で、コクピットボイスレコーダーには、機長の「sleepy, sleepy…」という音声が残されている。滑走路にアプローチする際、不正確な深めの角度でグアム空港に降下し、ニミッツヒルに激突した。長時間飛行に起因する疲労が示唆された。

もうひとつは、1999年6月1日アメリカン航空1420便が、ダラス空港を離陸後13時間経過したあと悪天候に遭遇し、アーカンソー州リトルロック空港に着陸しようとしたときに発生した事故である。オートブレーキの使用に失敗した結果、航空機は滑走路端でスリップして着陸誘導灯に激突し、機長と乗客10名が死亡した。本件もクルーの疲労が著しい事例として知られている。

ちなみにわが国では、航空事故調査報告書に疲労が事故原因の筆頭に挙げられたことはない。事故原因は大きく操縦、整備、器材、航空交通管制、その他という分類であり、どのように発生したか当事者の行動分析を行い、それを原因として表記することは極めて少ないが、今後は疲労についても十分に着目する必要があろう。

航空事故以外にも、疲労が背景にありヒューマンエラーを招いた結果、それにより重大な事故を引き起こした次のような事例が知られている。

- スリーマイル島の原発事故（1979年）
- スペースシャトル・チャレンジャー号事故（1986年）
- チェルノブイリ原発事故（1986年）

上記の大事故は、いずれも疲労によるパフォーマンスの低下やヒューマンエラーによる判断、操作、手順の誤りなどがかかわっている。

さらに要因として考えられるものは、次のとおりである。

① すべての事故は、長時間労働、交替制勤務、あるいはサーカディアンリズムの乱れなど、疲労と密接にかかわっていた。

② 大多数は、疲労レベルが高い深夜から早朝の時間帯に発生した。

③ 装置、機器の不適切さ又は手順のエラーは、しばしば一連の出来事の致命的な要因になっていた。

④ 疲労状態であったがゆえに、反応時間の遅れや判断の低下を招き、事故を拡大させた。

4.1.4　疲労発生の基本的メカニズム

疲労のレベルは、二つの要因で決まる。

① サーカディアンリズム（25時間周期の体内時計）（第1章参照）

② 最後に睡眠をとってから覚醒している時間とホメオスタシス（恒常性動的平衡）

昼間起きている時間が、覚醒レベルの決定要因となる。ホメオスタシスとは、外部環境や主体的条件の変化（姿勢の変化や運動）に応じて統一的、合目的的に体内環境をある一定レベルに保つ働きのことを言う。

図 4-1 に示すとおり、最大の眠気は、夜明け前に発生すると言われている。しかし、昼食後の午後の始まりにも眠気が起こる。1 日を通してホメオスタシスとともにサーカディアンリズムが覚醒の維持に働く。

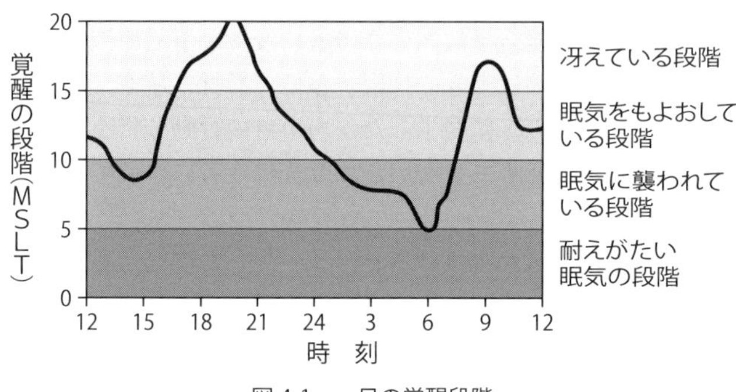

図 4-1　一日の覚醒段階
（マーチン・ムーア・イード「大事故は夜明け前に起きる」による）

4.1.5　疲労発生の基本的な原因

人間に疲労が蓄積する基本的な原因としては、次のようなことが考えられている。

① 睡眠不足、睡眠剥奪
② 適切でない睡眠のとり方
③ 睡眠のとり方の不適切な習慣
④ サーカディアンリズムの影響
⑤ 作業ないし仕事の時間が長時間であること
⑥ 交代制勤務の影響
⑦ 時差の影響
⑧ 睡眠障害

4.1.6　睡眠の特徴

睡眠は、飢えや渇きと同様に人間にとって生理学的に必要なものであると言える。この必要なレベルは、いかに容易に睡眠が開始されるか、それに要する時間を測定することによって知ることができる。

眠気は、時には高い動機づけや、興奮状態や、運動によって減らすこともできる。しかしながら、耐え難い眠気には、いかなる手段をもってしても打ち勝つことはできない。日頃から、量と質ともに十分な睡眠をとることが、脳と身体の回復に不可欠である。

不十分な睡眠は、パフォーマンスの低下につながる。睡眠時間は、1日に7時間から8時間が適当と言われているが、個人差が大きい。

4.1.7　睡眠の種類

睡眠は、ノンレム（Non Rapid Eye Movement）睡眠とレム（Rapid Eye Movement）睡眠に分類される。睡眠中、脳内では複雑なプロセスが進められており、ノンレム睡眠中は、脳の活動は低下している状態で、レム睡眠の間に、筋肉の成長や損傷した組織の修復が行われ、身体が回復する。

ノンレム睡眠は、脳波の特徴から4段階に区分される。第1段階で入眠、第2段階でノンレム睡眠に移行しつつ深まり、第4段階は最も深い睡眠状態で、徐波睡眠又は深部睡眠と呼ばれる。通常、成人の場合睡眠時間の4分の3は、ノンレム睡眠となる。

レム睡眠中は、覚醒時と同様な生理的活動が見られ、この間に人は夢を見る。レムは、名称のとおり、睡眠中に眼球が時々素早く（rapid）動くことがあり、時には、皮膚の痙攣や、不規則な呼吸を伴うことがある。レム睡眠中、脳は自己回復し、前日の情報は統合化され、分類され、すでに保存されている記憶とリンクされる。

入眠後は、ノンレム睡眠がおよそ90分続き、その後10分ないし20分程度のレム睡眠が現れる。これが睡眠中4回程度繰り返され、最終的に覚醒に向かう。

4.1.8　脳波から見た覚醒と睡眠

脳波の計測から、覚醒時や睡眠時の脳波の周波数や振幅が周期的に変動しているのがわかる。日常の覚醒時における諸活動においては、β波が見られる。覚醒しているが、目を閉じた安静状態に見られる脳波がα波である。そして入眠とともに、第1段階に入り、睡眠が深くなっていくに従って短い波が頻発する。これを睡眠紡錘形と呼ぶ。

さらに、最も深い第4段階の睡眠では、大きくて遅い波が特徴的に現れる。この状態がδ波である。第1段階から第4段階の変化は約90分間で、再び第1段階の脳波が現れる。そのときにレム睡眠が観察され、睡眠状態でありながら覚醒時と同様な生理的活動が見られることで、逆説睡眠ともいわれる。この間に夢を見ることが明らかにされており、この状態が繰り返される。この様子を図 4-2 に示す。

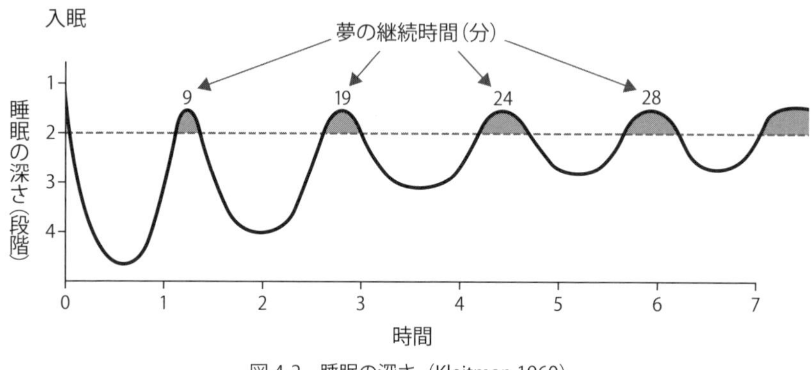

図 4-2　睡眠の深さ（Kleitman,1960）

このノンレム睡眠とレム睡眠が疲労に関係する。例えば、レム睡眠の間に目覚めると比較的目覚めは良いが、ノンレム睡眠中に起こされると寝ぼけ現象が起こる。あるいはノンレム睡眠とレム睡眠の周期が中断される回数が増えると、気分やパフォーマンスの回復力が低下するといわれている。

4.1.9　疲労の防止と回復

疲労を防止し、軽減し、また回復するためには、主たる原因である睡眠不足を補うため、睡眠の質と量を確保するとともに、次のことを考慮し、疲労の防止につなげることが肝要である。

① 疲労についての正しい理解
② 労働時間の長さの適切化
③ 休憩の適切な取得
④ 日常の十分な睡眠時間の確保
⑤ 栄養面の十分な対策
⑥ 昼寝、仮眠（Napping）の勧め
⑦ 良い姿勢の維持
⑧ 適度な運動

このように、人間の活動や特性に対し、「疲労」は極めて大きい影響を与える。疲労に関する研究は、働く人たちの過労状態を予見し、それをもたらす労働条件を見出し、その改善を図っていくことである。

4.2　ストレス

厚生労働省が行っている「労働者健康状況調査」によれば、「仕事や職業生活でストレスを感じている労働者の割合」は、50.6%（1982年）、61.5%（2002年）、60.9%（2012年）と長期的に見れば少しずつ上がってきており、今や働く人の約6割はストレスを感じながら仕事をしていると言える。2013年から開始された第12次労働災害防止計画でストレスなどに対するメンタルケアは大きなテーマとして取り上げられた。

4.2.1　ストレスとは

ストレスとは「外部からの刺激に適応しようとして、心や体に生じた様々な反応」をいう。これらの心や体に影響を及ぼす要因をストレッサーと呼ぶ。ストレッサーには、「物理的ストレッサー」（暑さや寒さ、騒音や混雑など）、「化学的ストレッサー」（公害物質、薬物、酸素欠乏・過剰、一酸化炭素など）、「心理的及び社会心理的ストレッサー」（人間関係や仕事上の出来事、家庭の問題など）があり、「ストレス」と呼んでいるものの多くは、「社会心理的ストレッサー」を指している。

ストレッサーによって引き起こされるストレス反応は、精神的症状、感情的症状、身体的症状及び行動的症状に現れ、症状は個人差がある。

① 精神的症状：集中力低下、考えがまとまらない、単純な意思決定が困難、自信喪失、過度の疲労感、度忘れ、展望を見失う傾向などである。

② 感情的症状：イライラ、怒りの爆発、不安状態、焦燥感、罪悪感、不合理な恐怖やパニック状態、危機感、失望感、敵対心、憤慨、強い憎しみの感覚、皮肉、過度な攻撃心、うつ感覚、悪夢、不機嫌、すすり泣きなどが挙げられる。

③ 身体的症状：筋緊張（肩や腰の痛み）、発汗、口渇、四肢冷感、頻尿、動悸、下痢、吐き気、めまい、手の震え、息切れ、呼吸困難などである。

④ 行動的症状：喫煙量・飲酒量の増加、食事量の増加又は減少、睡眠の増加又は減少、爪かみ、抜毛、引きこもり、不潔、貧乏ゆすり、多弁、強迫行為、仕事中毒、無断欠勤、性的逸脱、自殺企図などである。

また、惨事ストレス（CIS：Critical Incident Stress）は、命の危機を感じるような緊急事態に対して、個人の対処能力をはるかに超えた状態においてのストレス反応で、ベトナム戦争の帰還兵の間で顕著な兆候が現れ研究が進んだ。このような心理的危機に陥ると心の傷となり、その後の社会生活や精神生活に支障をきたすことがある。重篤な心理的危機は、神経質でネガティブな人のみが陥るわけではなく、また、内気な人が陥りやすいわけではなく、やる気がない人がなりやすいわけでもない。このような心理的危機は、異常事態における人間の極めて正常な反応で、誰にでも起こる可能性がある。まかり間違えば、長期間にわたる精神的なダメージを受けることもある事態とも言えるが、反面、このような異常事態における危機に対するストレス反応を克服することができれば、人間にとって大きな成長の機会となる。

惨事ストレスと呼ばれる現象の要因は様々で、例えば、死の恐怖を感じながらの活動、同僚の負傷や殉職、自分の子供と同年代の子供の死、知人が被災、大量の死傷者が救出困難、迅速な状況判断を長時間迫られる状況や環境下などである。

4.2.2　PTSD

(1) PTSDとは

異常な環境を体験すると心的外傷（トラウマ）を受ける場合がある。トラウマ体験から1か月以内に障害の症状が現れた場合は、急性ストレス障害（ASD：Acute Stress Disorder）と呼び、1か月以降もその症状が続く場合、若しくは新たに障害を発症した場合を心的外傷後ストレス障害（PTSD：Post Traumatic Stress Disorder）と呼ぶ。この状況を図4-3に示す。

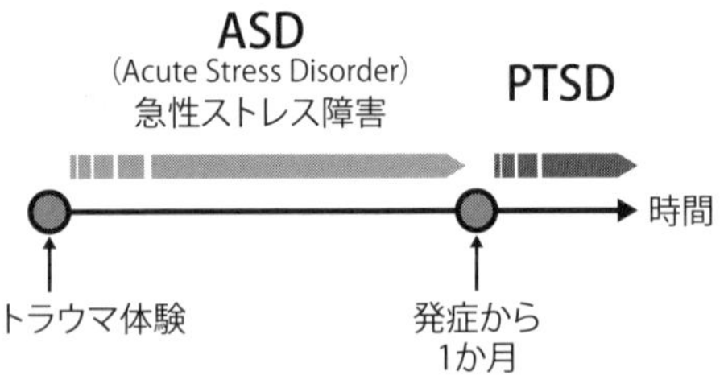

図4-3　ASDとPTSDの診断基準

PTSDの典型的な症状は、

- 心理的解離状態、フラッシュバック

- 過度の警戒心（自分の体験を話したがらない）
- 周囲との関係を拒絶する、自殺企図
- アルコールや薬物の乱用や依存
- 怒りの爆発（非社会的行動、法律違反）
- 入眠、睡眠維持の困難、悪夢
- 集中困難

などである。

（2）PTSDへの対応

PTSDに陥るような危機的状況は人間の生活においては特別なことであり、危機の条件としては、事態が重篤であること、時間に限りがあること及び通常の対応では解決できないことなどが挙げられる。

何らかの介入（治療等の対応）がなければ、適応障害を起こし長い時間苦しい思いをすることになるが、適切な対応がなされれば、普段への生活への適応、あるいは人間としての成長を手に入れることができる。

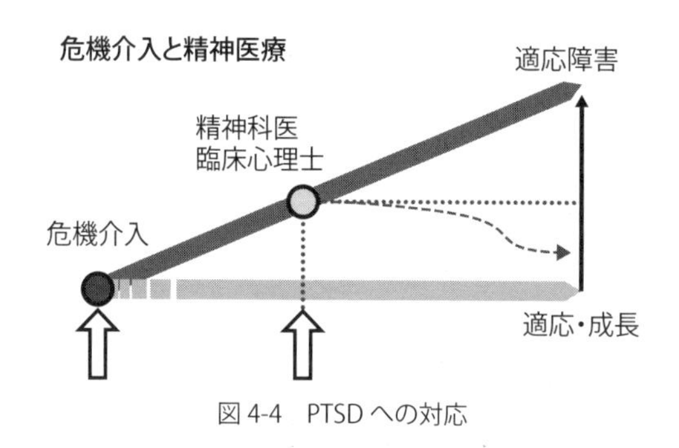

図4-4　PTSDへの対応

ただ、通常は病状が現れてから医師若しくは臨床心理士に相談することになるので、ある程度の適応障害が現れている状況を理解する必要がある。

最近ではトラウマ体験の直後から適応障害を軽くするためにストレスの軽減対策を行うのが普通になりつつある。例えば大きな事故に対応できるよう、国土交通省内に公共交通事故被害者支援窓口が常設されている。早い時期に精神科医や臨床心理士の治療やカウンセリングを受けると、適応障害の程度は少しずつ低下することが期待できる。図4-4は縦軸に適合障害の度合いを示し、横軸に時間を示している。

心の傷は体に受けた傷とは決定的に異なる面がある。体の傷は癒えてしまえば跡形もなく消えるが、心の傷は癒えることがない。心の傷が落ち着くのは、水が澄んだように見えているが、心を騒がすような記憶は底に沈んでいるだけなので、記憶を呼び戻す現象に出会うと、沈んでいた記憶が呼び戻されて水は再び濁ってしまうことがある。

4.2.3　ストレスの軽減

ストレスレベルを下げる方法は、一般的には三つあるといわれている。いわゆる「3T」といわれるもので、次の3点である。

①Talk
②Tear
③Time

「Talk」とは自分の感情を言葉に表して他人に話すことである。「話をしたら気持ちが軽くなった」というように、一人で抱え込むより話すことによって、ストレスレベルを下げることができる。話をするだけではなく日記などの文章にすることでもストレスレベルを下げることができると言われている。「Talk」はすなわち言語化と理解することができる。

「Tear」とは文字どおり「涙」のことである。悲しみや辛さを耐えることよりも、ある程度感情を表出することによってストレスレベルを下げることができる。

「Time」とは、ストレスレベルは時間の経過によって下げることができる。しかし適応障害が残っている状況では、かなりの長時間が必要となるかもしれない。

4.2.4　惨事ストレスマネジメント（CISM：Critical Incident Stress Management）

平和な時代になっても、職業によっては惨事ストレスを受ける可能性のある職業はある。消防士や警察官など、人命を救うために時によっては自らの生命の危険を顧みないような危険状況に立ち向かうことがある。また、救助に向かったにもかかわらず、遭難者を救えずに大きなストレスを抱えることもある。同様に災害現場に駆けつける自衛隊員たちも同じような体験があるだろう。また航空機乗組員は凄惨な大事故でなくともトラブルに巻き込まれることは少なくない。同様に海上保安官、管制官、医療関係者なども同様のリスクとストレスを抱えているものと考えられている。

CISMとは、災害時に被災者、家族それに援助にあたった消防士、救助隊、医療スタッフ、さらに企業の危機管理スタッフなどの心理的インパクトを最小限にとどめ、日常の業務、生活になるべく早く戻れるように個人、グループ及び組織、それぞれのレベルでサポートする過程である。

一例として次に挙げるのは、国際惨事ストレス機構（ICISF：International Critical Incident Stress Foundation）のストレス軽減プロセスである。これらがストレスケアの活動として推奨されている。

①　事前教育：心的外傷についての学習

②　毎日のリラクゼーション（デモビライゼーション）

　救援活動が何日にも及ぶ場合、一日の作業の終わりに被害者・救援者を一堂に会して行う心身のケアの教育

③　ストレスケアのためのデブリーフィング（デフュージング）

　自由な会話によるストレス発散や解消のため、救援活動が一段落したときに行う小グループによる振り返り

米国、ドイツ、日本などの航空界で行われている事故に遭遇した際のストレス軽減のプログラムは、同業者のボランティア活動によって支えられている。精神的なストレスを受けたと考えられる事態の直後に、心理的な訓練を受けた仲間がストレスを軽減させるべき対象者に接触して話を聞く。すなわちTalkさせることにより、対象者のストレス状態を診断し、対象者のストレス軽減を図る。そして必要に応じて臨床心理士若しくは精神科医などの専門家へ引継ぐ。

仲間が臨床心理士や精神科医への橋渡しとしてかかわる利点は、顔見知りであるから気楽に話を聞くための信頼関係の形成が容易であることが挙げられる。通常、優秀な臨床心理士であっても人間関係の形成及びストレスの原因となる業務内容の理解には、数回のカウンセリングが必要といわれている。

一方、一般的なメンタルケアとは異なり、PTSDなどのケアはリスクが伴う。真剣になればなるほど、対象者の気持ちに深く寄り添い、同情のあまり感情移入が過大となり、被相談者自体が大きなストレスを抱えることになりやすい。また、ASDやPTSDの患者には使用できない言葉などがあり、ケアのためには適切な教育と訓練が必要である。

第5章　リスクと危機

2011年3月11日に、三陸沖の太平洋を震源とした東日本大震災が発生した。地震の規模はマグニチュード9.0で、わが国の観測史上最大規模であった。本震の地震動とそれに伴う津波により、東北地方から関東地方にかけての東日本一帯に甚大な被害をもたらした。この津波対策として、地震に対するリスクが評価され、その結果、岩手、宮城、福島の被災3県に亘る巨大な防潮堤が築かれることになった。

2016年5月「世界経済は大きなリスクに直面しているという認識で一致」と、安倍首相が主要7か国（G7）首脳会議で語った。一方、同年6月にソニーの平井社長が新聞社のインタビューにおいて、「リスクがあっても、より面白いものをやる文化を醸成する」と述べた。すなわち「これからはリスクを恐れない」と表明した。

地震に対するリスク、世界経済でのリスク、どちらも危ないことを懸念している場合に「リスク」を用いている。しかし、ソニーの例に見るリスクは、必ずしも懸念しているものだけを指しているのではなく、リスクには利益をもたらすものが含まれていることを示している。

リスクは従来、危害や損害をもたらす危険なものと考えられているが、リスクには利益や好ましい結果をもたらす場合があり、「リスクをとる」「ハイリスク、ハイリターン」のようにも使われる。

5.1　リスク

このように、リスクは安全と危険に関与する。安全（Safety）と危険（Danger）の用語は13世紀頃から用いられているが、リスク（Risk）は比較的新しい言葉で、17世紀に現れた。イタリア語/ギリシャ語のrisicare「絶壁の間を船で行く」、「勇気をもって試みる」に由来していると言われる。リスクの概念を初めて定義したのは保険の分野で、「発生確率と損害の大きさの組合せ」とされる。さらに、「リスクマネジメント（Risk Management）」という言葉が使われ出したのはごく近年で、20世紀末頃のことである。

一般に、リスクは、危害を受ける可能性に力点を置かれることが多いが、現在は結果の不確実性という観点も加えて「リスク」が使われている。さらに近年は、危機の概念を踏まえて、危機管理の重要性が指摘され、多くの組織で危機管理部門が設置されるようになり、リスク及び危機に対する安全活動が強化されてきている。危機については後述（5.4）する。

5.1.1　リスクの二面性

すべての業務において、その実施に支障をきたすことはないか、利用するシステムに不具合を発生させる要因はないか、そのときに人間に危害を与えることはないかということが問題になる。安全性確保は、あらゆる業務において最優先課題である。システム設計時には、利用時に何事かが発生しても危害又は災害のおそれがなく、システム自体が他への悪い影響がないことを保証するなどが、システム設置・稼働前に徹底的に調べられるのが一般的である。

このような好ましくない状況を引き起こす潜在要因の一つがリスクであるとされる。システムを運用しているときに、「このシステムには何かリスクがある」とか、「リスクがあるけどやってみよう」など、自然とリスクという言葉を使っていることがある。この時のリスクとはどのようなことを指しているのであろうか。

「安全」とは、「受け入れ不可能なリスクがないこと。(ISO/IEC Guide51)」と定義される。ここでの「リスク」は、多くの場合、「危険」なこととイメージされるが、リスクは未だ発生していない時点での不確実性を常に基本的な「性質」としているとしており、必ずしもすべて危険であるわけではない。

リスクは実際に不都合な事態や危害が発生する確率と、現実に発生したときの影響度を考慮した場合の概念とされ、まだその不確かな事象が起きていないときに「リスクがある」というように使われる。多くの場合、危険源（ハザード：Hazard）を含め、潜在的に危険の原因となりうるものを指し、危害や損害をもたらす危険な場合に使われることが多い。ハザードがあるとしても危害が発生する可能性が低ければリスクは小さいと見なされるが、発生する確率は低くても危害が起こった場合の結果が甚大であれば、リスクは大きいと見る。

リスクは多少の危険性を含んでいるものの、結果として好ましい状況を生じることもあり、そのリスクは危害や損害を与えないため、危険と言うより「不確かなもの」と見るべきである。時によりシステム運用で取られる「リスクテイキング行動」も不確かな故であり、この行動は新発見、新発明へつながることもある。

人間が意図的にリスクをとるのには次のような見方があるからである。

〈リスク行動の要因〉

①リスクを小さいと感じるときや、リスクを避けるとそれによりデメリットが大きいと思うとき

②リスクによるデメリットよりメリットがはるかに大きいと判断されるとき

リスクにはこのように懸念する面と期待する面の2面性があるが、本章では、リスクは主として危ない面、危険な面を指すものとして扱う。ISO/IEC Guide51でも「安全の問題を扱う場合のリスクの定義は、危害の発生確率と被害の大きさの組合せを使用する」としている。

5.1.2　リスクと安全性・危険性

人間が行動する際は安全を最優先に行うことが重要であり、そのためには事前に念入りな安全対策がなされなければならない。しかし新たなリスクやヒューマンエラーの発生により、不安全事象はしばしば起きてくる。システム稼働時に、安定にかつ安全に作動しているようでも、なにがしかの不具合（原因がシステム構成のハードウエア、ソフトウエアであれ、操作する人間のミスであれ）を発生して故障あるいは事故などが発生する懸念はもたれる。このため、この安全性は近年特に最重要な課題とされ、システム設計時、システム設置・稼働前に徹底的に調べられる。

(1) 安全

安全を具体的に示すのは難しく、これに対してその対比となる危険は、物が落ちてくるとか、感電するとか、比較的見えるように示すことができる。

このため、安全はJISやISOに定義されているがローレンスによれば「安全とは、許容限度を超えていないと判断された危険性のこと」と定義される。すなわち安全とは、「危険性（リスク）が許容限度以下に管理されている状態を示す」概念である。

なお、安全を確保する考え方として、オランダのE. ホルナゲル（E. Hollnagel）は、従来は「物事が悪い方向へ向かうのを避ける（Safety-I）」視点で再発防止対策を考えているが、「物事が正しい方向へと向かうことを保証する（Safety-II）」視点で安全対策を進めるように変化してきているとした。すなわち、Safety-Iという考え方は、起こった事故を分析し、そこから再発防止の安全対策を立てることによって安全を維持しようという考え方である。しかし21世紀からの安全の考え方は、事故になった1件の事例以外の99%の仕事は「うまくいっている」のであり、そこから安全とは何をすることかを学び、それを強

化することによって安全をさらに向上させるSafety-IIへと変貌してきたのである。実際には、両者（Safety-I 及び II）の視点を適宜有効に活用して、危険を遠ざけ、安全を確保することが現実的な方策であろう。

(2) 危険

危険を引き起こすのは危険源（Hazard）である。ISO/IEC Guide51 の中で危険源（Hazard）とは、「危険を引き起こす潜在的根源である」と定義されている。

危険源にさらされると、システムや人は危険状態となる。この危険状態に適切に対応できないと非常事態が発生し、回避できないときに危害・損害が発生する。回避に成功しても、心理的な不安が残る。

5.1.3　リスクと安全対策効果

(1) リスクの低減と安全領域

リスクと低減対策効果の関係を図 5-1 に示す。リスクは対策を行うことにより、その発生確率や被害の大きさは小さくなることが期待でき、リスクは小さくなっていき、同時に危険性も低くなり、安全性は高くなる。

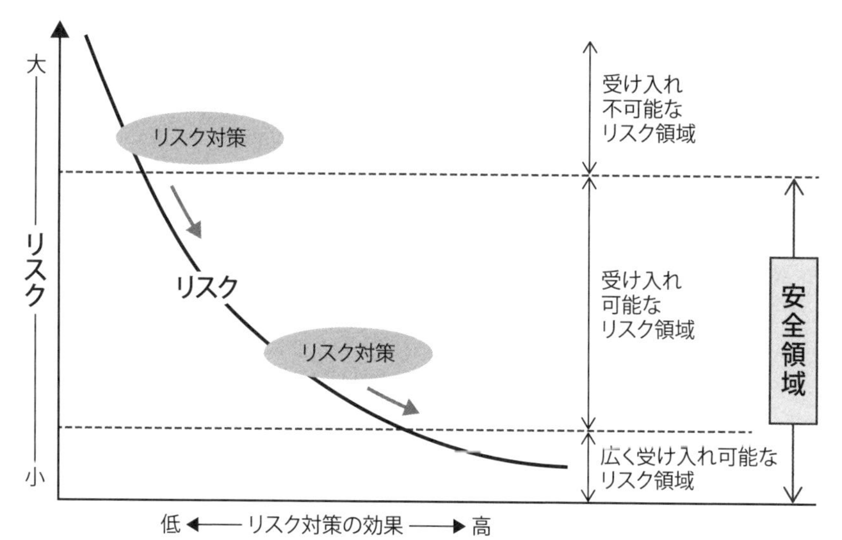

図 5-1　リスク対策によるリスク低減と安全領域

① 受け入れ不可能なリスク領域（図 5-1 の上段）

この領域のリスクは、ひどい危害が起きる、あるいはその発生可能性が高い場合であり、安全対策費用、時間が非常に大きいと想定され、受け入れ不可能なリスクと見る。このリスクが想定されるときは、作業は実施しないことになる。

② 受け入れ可能なリスク領域（図 5-1 の中段）

リスク対策をとることにより、リスクの発生が見られても、一般的に注意しながら作業を進めることで大きな被害は出ないと考えられる実用的な領域である。

③ 広く受け入れ可能なリスク領域（図 5-1 の下段）

さらなるリスク対策を施しても時間と費用がかかり効果も少ないと見なされ、作業の継続にはほとんど影響しないような安全性の高い領域である。しかしここにもリスクは存在し、そのリスクを残量（残留）リスクと称する。

④ 安全領域

②及び③の両領域を併せた領域は、リスク対策効果がありリスクは低減されているとして、作業を継続しても良い「安全領域」と見なす。ただし、これらの領域の境界は社会情勢、国民性、時代背景、価値観の変化などによって変動する。

一方、新たなリスクを発生させないため、監視は常時行い、リスクアセスメントの継続が望ましい。

（2）ALARP とその意義

リスクの許容に関してはその判断の仕分けが検討され、「ALARP（As Low As Reasonably Practicable)」の概念が参考になる。リスク対策において、可能な限りリスクをゼロにしようとすると、労力と費用及び時間が無限に費やされる可能性が出てくる。これは現実的ではない。リスク低減対策においては、システムの利用から得られる社会的利益を勘案して、その対策実施を判断することが必要になる。この判断を見るのが ALARP の原則と言われるものである。図 5-2 にその概念を示す。

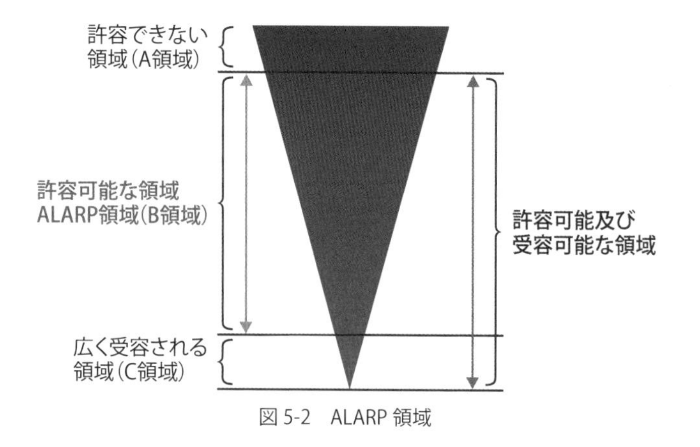

図 5-2　ALARP 領域

（3）ALARP 領域

リスクには種々の形態があるが、その発生確率と発生時の影響を見積もることにより、リスクは図 5-2 に見られる三つの領域のいずれかに含まれることになる。

① A 領域（上部）

そのリスクは受け入れできない、すなわち対策には費用・時間が莫大となり、対策が非常に困難で実施が現実的ではない領域。

② B 領域（中央部）（ALARP 領域）

この範囲のリスクは許容できる。リスク対策は比較的容易、あるいは可能であり、そのリスクを合理的な手法、手段で低くしようと努力することが望ましい領域である。リスクがB領域に留まることができるのは、リスクが表面化しても、その影響はあまり多くない場合と、リスク低減に掛かる費用よりシステム利用により得られる利益が十分にある場合である。

③ C 領域（下部）

十分に低いリスクレベルの領域であり、対策はとらない。あるいはリスク対策が十分になされて受容（許容）されるリスクレベルと見なされる領域である。

5.1.4　リスクに関連ある用語

リスクに関する記述ではいくつかの用語が使われる。その用語の意味を表 5-1 に示す。

表5-1　リスクに関連する用語

用語	意味
事象（event）	ある事情のもとで、現実に表面に現れたこと
安全（safety）	受け入れることのできないリスクがないこと
危険状態（hazardous condition）	身体や生命、財産、及び物的環境がハザードにより危ない状況にさらされる状態
リスク（risk）	危害の発生確率と危害のひどさの組合せ、あるいは、目的に対する不確かさの影響
リスク基準（risk criteria）	リスクの重大性を評価するための基準。組織の内外の状況に基づいたもの
リスクレベル（level of risk）	結果とその起こりやすさとの組合せとして表わされるリスク（又は組み合わさったリスク）の大きさ
危害（harm）	人の受ける身体的障害若しくは健康障害又は財産若しくは環境の受ける害
リスク源（risk source）	潜在的にリスクを生じさせる力を持つ要因
危険源（hazard）	危害を引き起こす潜在的危害の源
危険区域（dangerous zone）	人が危険源に暴露されるようなシステムの内部や周辺の空間
許容可能なリスク（tolerable risk）	ある一定の利益を有し、リスクが適切にコントロールされているという信頼のもとに社会がその現状を受け入れるレベルのリスク
受入可能なリスク（acceptable risk）	社会的に広く受け入れられている、又は受け入れが可能なリスク
残留リスク（residual risk）	保護方策を講じた後になお残るリスク
保護方策（protection methods）	リスクを低減させる方法

5.2　リスクの定義

リスクによる危害の大きさや発生確率に関して、国際的規約（ISO）があるが、わが国ではそれに基づいた日本のリスクマネジメントシステム規格JISQ2001「リスクマネジメントシステム構築のための指針」が2001年に初めて制定され、ここにリスクの定義（5.2.1に示す定義その1）が示された。

さらに、2009年にJISQ2001の改訂が行われ、JISQ31000が発行された。このJISQ31000では、リスクは好ましくない影響と好ましい影響との双方の面を持つこととしており、この点がJISQ2001と大きく異なる。改訂版JISQ31000に新しい定義（5.2.2に示す定義その2）が示されるが、JISQ2001（定義その1）も機械電気系では広く利用されている。

この二つの定義について、次にその内容を示す。

5.2.1 定義その1：ISO/IEC Guide51による定義

ISO2002年版のISO/IECガイド73の改訂版ISO/IEC Guide51は1999年に定められた。この規約に対応しわが国ではJISQ2001が制定され、リスクは次のように定義された。

リスクとは、危害の発生確率とその危害の大きさの組合せ

リスクは、ある事象（周囲状況の変化を含む）の結果（危害の大きさ）とその発生の起こりやすさ（発生確率）の組合せとして表現される。危害のひどさは、かすり傷程度か骨折程度の危害か、死亡する危害かといった危害の大きさや深刻さを表している。

発生確率とは、例えば、毎日（24時間に1回）起きるのか、10年に1回（およそ87,600時間に1回）起きるのかで発生確率は異なる。毎日1回の発生確率となると非常に大きい。一方10年に1回の確率は非常に小さいが決してゼロではない。

リスクが大きいとは、危害が起きる可能性（発生確率）が高く、その影響がある程度ある場合か、危害が起きる確率はそれほど大きくはないがその危害が大きい場合である。

不安全事象が発生しその危害（被害）が大きい場合でも、その発生確率が小さいと、その組合せ（多くの場合、リスク＝危害のひどさ×危害の発生確率、として積を考える）であるリスクは、必ずしも大きいとは見ない。

航空事故は起きるとその被害は非常に大きいが、発生確率は非常に小さい。近年の民間ジェット機の事故発生確率は100万回の出発に対して1～2回起きるとされ、統計値で、1（～2）$\times 10^{-6}$なる確率は非常に小さい。このため、この組合せを考えると、そのリスクは必ずしも大きいとは見なされない。一方、車の事故は毎日起きており、発生確率は大きいものの、被害は航空機事故に比べて大きくはない。したがって、組合せで見ると両者ともリスクは必ずしも大きいとは言えない。このような理由などにより、航空機も自動車もリスクはあるが広く利用されている。

安全・安心のためには、どのような業種においても、リスクは数値上あまり大きくないとしても、通常そのリスクの発生を無視できないので、残留リスクをできるだけ小さくする努力が求められる。

5.2.2　定義その2：ISO31000/JISQ31000による定義

2009年にこれまでのリスクマネジメントを基にした改訂版ISO31000が発行され、わが国ではこの改訂版を参考にJISQ31000が2019年に発行された。この改訂版では、リスクを次のように定義した。

リスクとは、目的に対して不確さが与える影響

ここで不確かさとは、ある事象とその結果又はその起こりやすさに関しての情報、理解若しくは知識が、たとえ部分的にでも欠落している状態をいう。影響とは、期待されていることから、好ましい方向、又は好ましくない方向に向かい乖離することを指す。

多くの場合、リスクは避けることが望ましいが、リスクがありそうでも避けずに挑戦すると、良い結果が得られる場合がある。宝くじの購入は、当たる確率が一般に非常に小さく、損失がほぼ必ず生ずるリスクである。そのため買わないという選択をする人もいる。しかし、当たることは不確かではあるが、当たることを意識するとリスクがあってもトライ（購入）することになる。この場合、購入は当たることが目的で、当たるか当たらないかが不確かなことで、その影響（好ましい場合とその逆の場合）があることをリスクがあるという。

5.3　リスクマネジメント（Risk Management）

リスクの対策を事前に検討するためには、どのようなリスクがありうるか推定（特定あるいは同定）し、そのリスクの大きさはどの程度か見るために、起きる確率（あるいは頻度）はどの程度か、起きた場合の影響がどの程度かなど、事前の評価（アセスメント）と対策を含むリスクマネジメントを実施することが重要になる。

人間が行動する作業環境は、快適で効率的な状況になるように構築される。一方、その環境には、不幸にして事故や災害が発生する可能性を含んでいることは否定できない。その事故あるいは災害がどの程度の頻度で起きていたかを見るとともに、同様の事故が今後どの程度の確率で起きるか、またその被害はどの程度であるかを見極め、これらを基に今後の対策を立てることは安全な環境の構築に重要な課題である。

危険な状況が見られると「リスクがある」と称され、その対策・管理が検討される。この点に関して、世界的には、労働安全衛生の分野においての動きが始まり、1999年イギリスをはじめとして日本を含む国際合同会議において、英国規格BS8800とISO14001労働安全マネジメントシステム（リスク管理）の要求事項を規格化したOHSAS18001が制定された。

リスクマネジメントが日本語として受け入れられたのは、2001年のこととされる。その年の3月に、経済産業省が発表したJIS規格「リスクマネジメントシステム構築のための指針」（JISQ2001）が示され、「労働安全衛生マネジメントシステム構築のための指針」が制定された。その中にリスクを管理するリスクマネジメントの技法が示された。この後、改訂が行われ、日本工業規格JISQ31000：2010（ISO 31000：2009）が発行された。

リスクマネジメントの基本は、想定されるリスクが顕在化しないように、そのリスクの原因となる事象の防止策を検討し実行することである。このリスク管理は、想定されるリスクの発生確率の推定と、そのリスクはどのような影響があるかを分析し、リスク発生を防止するための方策を検討し、確率と影響度の組合せの大きさに従って優先順位をつけ防止策を実行する。すなわち、リスク管理は想定されるリスクをあらかじめ抑え込むことと言える。リスクマネジメントは、「これから起こる可能性のある危機・危険に備えておくための活動」である。

本書では規格JISQ31000：2010（ISO31000：2009）に示されているマネジメント技法を示す。また、マネジメントの中のリスクアセスメント及びリスク低減は、機械システム分野が推奨しているものを主体として示す。

5.3.1　リスクマネジメントの概念

リスクマネジメントとは、リスク評価の結果を踏まえて、すべての関係者と協議しながら、リスク低減のための対策・措置について、技術的な可能性、費用対効果などを検討し、適切な対策・措置を決定、実施する一連の過程である。

リスクマネジメントの実施に際しては、考えられるリスクのうち、ハザード（危険源）を事前に見出し、その内容を分析し、危険性が高いものに対しては対策を施すことが求められる。

なお、この規格は、ISO31000（2009年に第1版として発行された）を基に、技術的内容及び構成を変更することなく作成された日本工業規格JISQ31000：2010である。

この規格は、次のように広範な要求を満たすことを意図している。

①　組織の中でリスクマネジメント方針の開発に責任を持つ層への浸透

② 組織全体又は特定の領域、プロジェクト若しくは活動で、リスクが効果的に運用管理されていることを確実にすることに責任を持つ立場への浸透
③ リスクの運用管理において、組織の有効性を評価する必要のある層への浸透
④ 規格、指針、手順及び実務基準の特定の内容について、全体又は部分的にでも、リスクをどのように管理すべきかを設定する文書の開発者への浸透
⑤ リスクを特定することから始まり、特定したリスクを分析・評価して、対策を講じる一連の流れを定め、最後に経過を記録管理すること

5.3.2 リスクマネジメントの構成

JISQ31000リスクマネジメントの全体構成は次の三つからなる。
①「リスクマネジメントの原則」…リスクマネジメントのあるべき姿
②「リスクマネジメントの枠組み」…リスクマネジメントに取り組むための構造
③「リスクマネジメントプロセス」…リスクを特定して対処していく過程
図5-3にマネジメントの枠組みと実践プロセスの流れを示す。

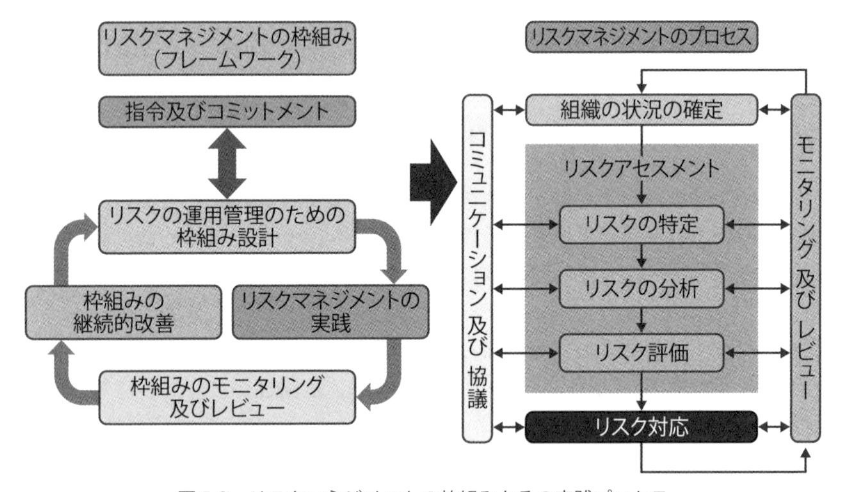

図5-3　リスクマネジメントの枠組みとその実践プロセス

5.3.3 リスクマネジメントの原則

リスクマネジメントの原則とは、どのような組織においてもリスクマネジメントを遵守すべき事項を示した方針である。リスク対応は組織の健全な継続に不可欠であり、次の原則で対応する。

① リスクマネジメントは、人的及び安全文化的要素を含め、すべての利用可能な情報に基づき行う。かつ安全が確保されるまで繰り返し行い、状況変化に対応する。

② 法令を順守し、組織の責任・責務を明確にし、組織内の各階層に適切に浸透させる。

③ 透明性を確保する。

④ 確かさを明確にする。

⑤ 包含的なものとする。

⑥ リスクマネジメントに必要な資源を確保し、全関係者へリスクマネジメントの有効性を伝える。

これらの原則を満たすためには、経営者の強力なコミットメントとリーダーシップが必要であり、リスクマネジメント推進者に権限を与え、適切な資源を配分しなければならない。

5.3.4 リスクマネジメントの枠組み

図5.4の左側に示されるように、リスクマネジメントの枠組み（フレームワーク）は、次の方策が構成され、PDCA（Plan-Do-Check-Act）の循環を図ることである。

① リスクマネジメント運用管理のため、組織のガバナンス、戦略、文化などを統合した枠組みの設計

② リスクマネジメントの方策策定とその実践

③ 実践概要のモニタリング及びレビュー

④ 枠組みの評価と継続的改善

すなわち、変化する環境に適応し、継続的な見直しと改善を行い、常に安全な状態を維持するような枠組みを作らなければならない。

5.3.5 リスクマネジメントの実践

リスクマネジメントの実践とは、まさにリスクマネジメントの主要プロセス（図5-3の右側）であり、リスクを特定し、分析・評価を行い、必要に応じて対

応（リスク削減対策）を施す過程である。常に変化するリスクに適切に対処するため、定期的に実施することが重要である。

(1) コミュニケーション及び協議

マネジメントを進めるにあたり、組織内外との意思疎通を図ることが重要で、その要請、期待を明確に特定・記録し、これらを意思決定プロセスの中に反映する。かつ、継続的に行う。

(2) システムの状況及びリスクの明確化

組織が運用するシステム環境を整理し、状況に応じたルール・基準を設定するため、リスクマネジメントを適用する範囲はどこまでか、どの程度のリスクであれば重要なリスクと考えるのかなど、事前に取り決めておくべき事項を確定する。

(3) リスクアセスメント

リスクの特定、分析に基づき、評価を行う。

(4) リスク対応（リスク低減）

この対策には次に示す四つの選択肢（「リスク回避」「リスク低減」「リスク移転」及び「リスク保有」）がある。リスク対応時は、このいずれか又は複数を選ぶことにより、最適なリスク対応を目指す。

① リスク回避

リスクを生じさせる要因そのものを取り除くことである。例えば、ある新規事業から、得られる利益と、失敗した場合に発生する最大予想損失額を比べ、損失が大きいと判断した場合、その新規事業の継続を断念する行為はその一例である。

② リスク低減

リスクの発生可能性を下げる、若しくはリスクが顕在した際の影響を小さくするなどの対策をとることである。例えば「地震に対する耐震補強や、別工場操業による代替生産などで、被害を最小限に抑える対策」が該当する。

③ リスク移転

リスクを自組織外へ「移転」する行為で、リスク共有とも言われる。典型的な対策は、保険への加入である。

④　リスク保有

リスクが受け入れ可能な大きさであると判断された場合、若しくは現実的な対策がないためやむを得ず受け入れると判断された場合に、対策なしでその状態を受け入れることである。例えば、原価償却が進んだ設備・装置などに保険をかけずに利用する場合は、リスク保有の一種である。

(5) リスク対応の補足

ISO31000では、この回避、低減、移転及び保有の四つについて、次の七つの選択肢を補足している。(「 」内は上記四つの分類との関係)

①　リスクを生じさせる活動を開始又は継続しないことによりリスクを回避する。「リスク回避」

②　ある利益を追求するために、そのリスクをとる又はリスクを許容する。「リスク保有」

③　リスク源を可能な限り除去する。「リスク低減」

④　発生状況を変える。「リスク低減」

⑤　結果を変える。「リスク低減」

⑥　他者とそのリスクを共有する。「リスク移転」

⑦　ある意思決定により、そのリスクを保有する。「リスク保有」

(6) モニタリングとレビュー及び記録作成と報告

リスクマネジメントプロセス自体の有効性を向上させるため、リスクマネジメントプロセスにかかわる活動やその結果についてモニタリングし見直しを行う。これらに関してその記録を確実に実施する。

5.3.6　リスクアセスメント

リスクアセスメントは、図5-3右側の中央部分に示され、これには、リスクの特定、分析及び評価が含まれる。これらを経て、リスク対応（リスク低減）が図られる。この部分の詳細を図5-4に示す。この図には、リスクアナリシス、リスクアセスメント、リスクマネジメントの領域を含ませてある。

(1) 手順1：システム使用状況の明確化

リスクアセスメントでは、はじめに対象となるシステムが、どのような目的で使用され、どのような場所に設置され、どのような人が使用し、またどのように保全されるかなど、システムの仕様を明らかにし、リスクアセスメントの範囲及び条件（次に示す三つの条件）を明確にする。

①　使用上の制限や条件

②　利用環境の制限や条件

③　時間上の制限や条件

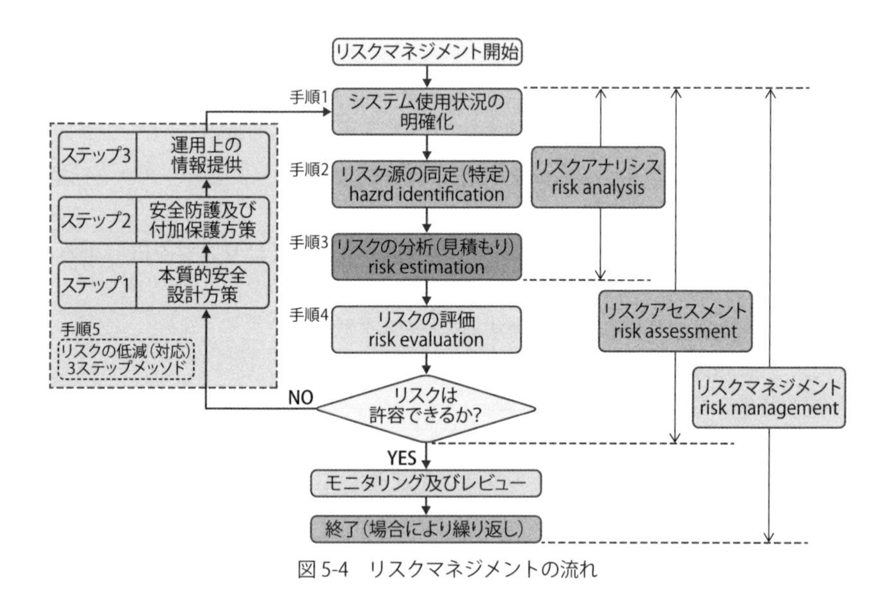

図 5-4　リスクマネジメントの流れ

(2) 手順２：リスク源の同定（又は特定）

この段階は「システムに潜む危険源（ハザード）を推定し特定する」ことが主目的である。

システムのライフサイクル（設計から製造・運用・廃棄まで）のすべての段階において、予見可能な危険源（常に存在する危険源及び予期しない危険源を含む）、危険状態を同定する。この手順時に、同定されない危険源は、以後のリスクの分析（見積り）、評価の対象にならず、潜在的に危険源が残った状態を生じ、将来の危害の原因となる場合がある。したがって、危険源（及びそれによる危険状態）をもれなく同定することは非常に重要である。

この段階では、あらかじめ推定したリスクを含むチェックリストの利用が有効である。また、設計・製造・販売・流通の各現場に直接出向いてリスクを見出すことも効果的である。現場で実地検証することでその企業固有の細かい危険が発見できる。

(3) 手順3：リスクの分析（リスク見積もり）

リスクの特定で見出された種々のリスクに対して、次の2面から分析する。

① そのリスクは、発生可能性は高いのか低いのか。「発生確率」

② そのリスクは顕在化したら、どんな影響をもたらすのか。「影響の大きさ」

リスクの大きさは、この両者の積として推測されるので、両者を算定することにより、リスクそのものを算定することになる。手順（2）で同定されたすべてのリスク源に対して個々にリスクの大きさを見積もる。

リスク分析においては、「影響の大きさ」を重視する傾向があるが、影響が小さくとも発生確率が高いリスクについては無視しえない。軽微な事故・災害でも、その処理には相当の手間がかかり、人件費がかかり企業に損失が出る。また、「影響の大きさ」も、人の生命にかかわるケースや企業のイメージを損なうケースもあり、経済的な基準のみで判定すべきではない。

危険源（ハザード）の発生確率の推定には、これまでに発生した類似不具合事例の頻度を参考にすることが多い。また影響度も、その被害状況が周囲に与える影響を考慮して分類する。このために、5.3.7で述べるリスクマトリックスを利用し、その影響を見積もる。

(4) 手順4：リスクの評価

リスク評価とは、影響度の推定を含み、リスク分析で算出したリスク値が基準を超えた場合に対応（リスク低減）すべきリスクとして判定する。このリスク評価においては、次の事項を踏まえることが望ましい。

① 対象とする製品・システムに関して、設計・製造から廃棄までのリスクを総合的に評価する。

② 定常作業・非定常作業の両面から評価を行う。

③ 危険性と安全性の両面を評価する。

④ 不確定性の高いパラメータは、その設定の意義を明確にする。
（希望的推測に基づいてリスクを小さく評価することは避ける。）

⑤ 事故拡大防止対策の失敗確率も考慮する。

⑥ リスク低減が必要と評価された場合、リスク低減方策（3ステップメソッド）を適用し、その妥当性を検証する。

⑦ 設備・部材・製品の故障履歴及び経年劣化を反映する。

⑧　過去の災害・事故・トラブルに限定することなく、予測危険事象も含ませる。
⑨　自然災害やその複合事象などの変化も考慮する。
⑩　人への影響のほか、環境（生態系、動物）・社会・地域・生活・組織等への影響も評価する。

これらの事項を考慮してリスクが評価され、リスクへの対応（リスク低減）の必要性が検討される。この検討においては対応の優先順位を付けて処理する必要がある。このために5.3.7で示すリスクマトリックスが利用される。

(5)　手順5：リスク対応（3ステップメソッド）

リスク対応とは、リスク（その影響度と発生確率）が許容可能かどうかを決定するために、リスク分析の結果をリスク基準と比較するリスク低減プロセスで、損害予防（又は拡大防止）と損害発生後の資金確保の二面があり、これらを組み合わせて、効果的なリスク対応を実施する。

リスク対応（リスク低減方策）は、マネジメントの中で重要なフェーズであり、産業分野ごとに種々の方策が提案され実施さている。本書では5.3.8で述べる３ステップメソッドと呼ばれる方策を示す。この方策はISO12100で規定されている安全設計の国際規格に示され、非常に効果的な方策である。

5.3.7　リスクマトリックス

前項で得られた「結果の重大さ」と「発生確率」からリスクレベルを確定するためには表5-2に示すリスクマトリックス（Risk Matrix）を利用する。このリスクマトリックスは、横軸に「結果の重大さ」をとり、縦軸に「発生確率」をとった行列であり、それらが交わるところに付した数字とアルファベットの組合せ、例えば、5A、3Cなどをリスクインデックスと言う。

リスクマトリックスを何行何列にするかは、これを適用するシステムの規模によって異なる。例えば、大規模システム・施設の場合は５行５列が多く、小さな場合では３行３列で作成される。

リスクはその発生確率と影響の大きさに応じて、いくつかのランク（表5-2の例では、A、B、C、D、Eの５ランク）に分けてあり、各ランクに対応して、対策のとり方が異なる。リスク大（A）に分類されると、被害が多く大きいと推定され、事前対策が不可欠になる。また中程度（B及びC）でも、注意を要するとともに一部対策を施し、運用状況を監視しなければならない。小程度（D）の領域と判断されると、システム運用時に万一そのDのリスクが表面化

表 5-2 リスクマトリックス

リスクマトリックス リスクインデックス			結果の重大さ				
			致命的	危険	重大	軽微	無視可能
			A	B	C	D	E
発生確率	極めて多い	5	5A	5B	5C	5D	5E
	比較的多い	4	4A	4B	4C	4D	4E
	少ない	3	3A	3B	3C	3D	3E
	まれ	2	2A	2B	2C	2D	2E
	極めてまれ	1	1A	1B	1C	1D	1E

しても、運用を続ける上で大きな障害とはならないと見て、そのための対策はしばし取らない。しかし、小さなリスクでもその対応注意は必要で、可能な範囲で対策を施すことが望ましい。

リスクインデックスは、次の3段階（H、M、L）のレベルに仕分ける。その内容は表 5-3 リスクレベルに示される。

表 5-3 リスクレベル

リスクレベル	リスクインデックス	運用時条件
H 受け入れられない	5A、5B、5C 4A、4B、3A	リスク対策必要
M 注意して実行	5D、5E、4C、4D 4E、3B、3C、3D 2A、2B、2C、1A	リスク低減効果による
L 受け入れ可能	上記以外の領域	対策なしで実行可

① 受け入れられないレベル（H：High）

評価されたリスクがそのままでは受け入れられない場合である。リスク対策が費用的、時間的に困難な場合はシステム運用停止や禁止となる。

② 受け入れられるが運用に際し注意や監視が必要なレベル（M：Medium）

リスクが低減されれば受け入れられる場合である。システムは条件付きで運用可となる。

③ 受け入れ可能なレベル（L：Low）

リスクは小さいものとして受け入れられる。システムは対策なしで運用可となる。

なお、リスクインデックスの仕分け（HML 分類）は、利用する組織の状況に応じて変動する。

このリスクレベルH、M、Lは、5.1.3（3）で述べたALARPのA領域、B領域、C領域に対応しているが、リスクレベルMはALARPのB領域の趣旨とやや異なり、リスクの低減を条件としている。表5-2の色分け（赤、黄、緑）は、表5-3に示すリスクレベル（Risk Level）に対応する。

なお、実際の適用においてリスクをどのレベルに評価するかは、それぞれの分野によって個別に判断し、定めることになる。

5.3.8　リスク低減：3ステップメソッド

リスク低減の過程は図5-4の左側に示されている3ステップメソッドで、次の3つのステップにより対策が施される。

(1) ステップ1：本質的安全設計方策

この段階では、ソフトあるいはハード面の保護方策により、システムの設計又は運転特性を変更することによる保護方策であり、次の2とおりの方策がある。

① 設計上の考察・工夫により危険なリスク源そのものをなくす。又はリスク源に起因する危険な作動を低減することにより、危険なリスク源を防止する。

② 作業者が運転中に危険領域に入る必然性をなくすシステム構成とする。

(2) ステップ2：安全防護及び付加保護方策

安全防護は、ガード又は付加保護装置によるリスク対応方策等で、危険源を隔離することと、近づいた場合はシステムの運転を停止することを原則とする。この付加保護方策は、労働災害に至る緊急事態を回避するための方策である。

(3) ステップ3：運用上の情報提供

（1）及び（2）の低減方策を施しても、リスクが低減しない場合、あるいはリスクに近づいてしまう場合がある。システム設置側は、利用者に運用上の情報として、安全標識や警告表示をシステムに表示することや、警報装置の設置や取扱説明書を提供配布することで、リスクを回避させる。

なお、警報装置はハード対策であるが、発せられた警報を人が気づいて、退避行動をとらねばならず、2段階で人に頼る方策となるため、確実性に劣る。

なお、一般的には（1）～（3）の方策を併用して対策を施すのが現実的である。さらに、どの方策を実施しても低減されなかった残留リスクに対して、システム利用者は、システム設置側から提供された運用上の情報及び危険情報に基づき、さらにリスクアセスメントを実施する。それでも最後に残ったリスクに対しては、作業手順書の改善、整備、教育及び訓練を実施しなければならない。

5.4 危機

リスクと類似したものとして危機（Crisis）がある。日本語では、危機の「危」はあぶない、不安定、険しいなどといった意味であり、「機」は時機、機会などを指し、転換期としての意味があり、危ない時期を含む用語とされる。

この危機は一般に、社会システムの安全性を考慮するときに使われる。すなわち、社会システムが不安定かつ危険な状況を引き起こすこと、若しくは突発的な不安全状況に陥ることを指して使われる。

5.4.1 危機管理

危機に対しては、リスクマネジメントと同様に危機管理（クライシスマネジメント：Crisis Management）がある。この危機管理という概念が提唱されるようになったのは第二次世界大戦が終結した後の核時代からであり、1960～1965年頃、C. E. オスグッド（C. E.Osgood、カナダ）等により、国家間での武力紛争が核戦争へと拡大する危険、危機を指摘した頃とされる。

わが国で危機管理という言葉は、1970年代のオイルショックの頃に使われはじめた。1998年、政府・内閣官房に内閣安全保障・危機管理室が整備され、後にこの室を指揮管理する内閣危機管理監が設置された。そして、危機管理を「国民の生命、身体又は財産に重大な被害が生じ、又は生じるおそれがある緊急の事態への対処及び当該事態の発生の防止」と定義した。これ以降、危機管理が公的にも認知されるようになった。すなわち「危機管理」は、起きた事故や事件に対して、そこから受けるダメージをできるだけ減らそうという考えである。

地震発生時に備えて避難訓練を実施したり、防災用品を備蓄したりするのはリスクマネジメントである。また、トラブルが発生した際にとるべき対応をマニュアル化することや、対策のための要員をあらかじめ確保しておくのもリスクマネジメントの一面である。リスクマネジメントは事前安全（Proactive

Safety)、あるいは予防安全（Preventive Safety）と称され、「まだ起きていない事態に備えること」である。

一方、地震が発生し大きな被害が起きている場合に、その被害を拡大させないための方策を立案・実施するのが危機管理であり「すでに起きてしまった事態への対応」といわれ、事後安全（Reactive Safety）と称されることが多い。

現在では、リスクマネジメントはリスク発生後の対策やその対策評価も含んでいるし、危機管理も、危機が発生する事前対策まで検討している。両者の事前事後の区別は明確ではなくなってきている。ただ、イメージとして危機は可能な限り避けたいマイナス面を強く意識しているが、リスクは必ずしもマイナス面ばかりではなくプラス効果も含んでいる。

大災害や大事故の直後に設置される組織は「危機管理室」あるいは「危機管理体制」などと呼ばれる。

(1) 危機管理の推進

「危機管理」は、危機が発生した場合に、影響を最小限にすることで、いち早く危機状態からの脱出・回復を図ることが基本となる。「すでに起こってしまったトラブルに関して、事態がそれ以上悪化しないように状況を管理すること」を主体とする。もちろん、防げる可能性のある危機であればその発生を防ぐことが望ましい。

そのため、危機管理においても「危機はいつか必ず起きる」という大前提に立って検討を進めることが重要である。例えば、もし地震が発生した場合に作業員を安全な場所へ避難させる手順等の事前検討や、商業において、販売した商品に欠陥があった場合の対応についての処置を事前に定めておく等も危機管理である。

(2) 危機管理推進過程

次に掲げる5段階から構成される。

① 把握：危機事態や状況を把握・認識する。

② 評価：次の2面がある。

- 損失評価：危機によって生じる損失・被害を評価する。
- 対策評価：危機対策にかかるコストなどを評価する。

③ 検討：具体的な危機対策の行動方針と行動計画を案出・検討する。（5.4.2に示す事業継続計画（BCP：Business Continuity Plan）を含む）

④ 実施：具体的な行動計画を発令・指示する。

⑤ 再評価：次の点を再評価する。

- 危機時再評価：危機発生中に、行動計画に基づいて実施されている事項、あるいはまだ実施されていない事項について、効果の評価を適宜行い、今後の行動計画に必要な修正を加える。
- 事後再評価：危機の収束後に危機対策効果の最終評価を行い、危機事態の再発防止や危機事態対策の向上を図る。

5.4.2 事業継続計画（BCP：Business Continuity Plan）

大地震や大災害や大事故、疫病の流行、犯罪被害、社会的混乱など、通常業務の遂行が困難になると予想される危機事態が発生した際に、事業の継続や復旧を速やかに遂行するために策定される計画を事業継続計画（BCP）と言う。緊急事態は突然発生するが、有効な手を打つことがきでなければ、中小企業や、経営基盤の脆弱な組織は、廃業に追い込まれるおそれがある。また、事業を縮小し従業員を解雇しなければならない状況も考えられる。

(1) BCPの意義

緊急時に倒産や事業縮小を余儀なくされないためには、平常時からこのBCPを周到に準備しておき、緊急時に事業の継続・早期復旧を図ることが重要となる。このような対策を持つ組織は、顧客の信用を維持し、市場関係者から高い評価を受けることとなり、ステークホルダー（企業活動に関する利害関係者）にとって企業価値の維持・向上につながる。

すなわち、BCPは企業が自然災害、大火災、テロ攻撃などの緊急事態に遭遇した場合において、事業資産の損害を最小限にとどめつつ、中核となる事業の継続あるいは早期復旧を可能とするために、平常時に行うべき活動や緊急時における事業継続のための方法、手段などを取り決めておく計画のことである。

BCPを導入している企業は、緊急時でも中核事業を維持・早期復旧することができ、その後、操業率をできるだけ元に戻したり、さらには市場の信頼を得て事業が拡大したりすることも期待できる。

(2) BCP策定のステップ

BCPを策定するには、通常、次のステップが有効である。

① 自社の業務継続の障害となる事態を抽出し、その具体的な影響を分析する。

② 中核事業を継続あるいは早期に復旧するために、優先的に維持・復旧すべき拠点や機能を定め、組織及びその人員がとるべき行動をBCPとしてマニュアル化する。
③ 作成されたBCPは危機管理部門だけでなく組織全社に周知・共有させ、定期的にその内容の試行や訓練を行い、いざというときに滞りなく実践できるようにしておく。

(3) BCPの具体的策定

BCPは、具体的には次の順番に沿って策定されるのが一般的である。
① BCPの基本方針の立案：優先して継続・復旧すべき中核事業を特定する。
② 緊急時の運用体制の確立：中核事業の目標復旧時間を定めておく。
③ 日常的な策定・運用のサイクルの試行：緊急時に提供できるサービスのレベルについて顧客とあらかじめ協議しておく。
④ 事業拠点や生産設備、仕入品調達等の代替策を用意しておく。
⑤ すべての従業員と事業継続についてコミュニケーションを図っておく。

(4) BCPのマネジメント

BCPを策定しても、緊急事態に実用性があり効果的なものでなければ意味がない。実現可能なBCPを策定し、円滑に運用することの全体的な概念が事業継続マネジメントBCM（Business Continuity Management）である。

このマネジメントとは、組織を脅かす潜在的な危機を認識し、組織の利害関係者の利益、立場、ブランド及び価値創造活動を守るため、復旧及び対応力を構築するために有効な対応を行う枠組みで、包括的なマネジメントプロセスをいう。

第6章　重大な事象やトラブルの分析と対策

災害や事故あるいは思わしくない事象が発生した場合、通常はまずそれに対する応急的な処置がとられる。例えば火災が発生すれば第一に消火作業や人の救出などが行われるであろう。しかしそれが後に当事者や社会に重大な影響を与えるものであれば、次に考えられるのは、状況の確認とともになぜそれが発生したかという原因の究明であり、さらにそのような事態が再発しないような対策を検討することになる。

例えばオランダの航空宇宙研究所（NLR：Nederlands Lucht-en Ruimtevaartcentrum）が隔年に発表している「安全手法のデータベース」（Safety Methods Database）には、分析に有効なデータベースと分析法が2014年版では全体で527件掲載されていたが、2016年版では847件が収録されている。現在ではさらに多くの分析法が公表あるいは提案されていると推定され、それぞれが独自の工夫を凝らしているが、甚大な事象やトラブルの原因分析と対策の重要性や必要性については大きく変わることはないと考えられる。

本章ではその中から原因追求の手段としての分析手法と再発防止対策の考え方について述べる。

6.1　事象の分析と対策

事故（アクシデント）や重大事象（インシデント）の調査にかかわる分析の手法は、これまで多くの分野で様々な手法が提案され、実用化されている。それらの多くは、その分野に適したものとして開発されたものであるが、有効性の高いものは、他の分野でも多く利用されている。わが国において、産業における品質管理の重要性が認識され始めたのは1950年頃である。それに伴い多くの手法が開発され実際に使われてきた。（第8章参照）

それらは現在でも多くの産業において重大な事象の分析に対しても有効であり、いくつかは国外においても活用され、前記データベースに収録されている。このような手法は対象となる事象に対し、適切に選択され、最も効果的な対策を見出すことが望ましいが、そのためには次のような分析の基本的流れを理解することが重要である。

6.1.1　事象の分析及び対策の基本的流れ

発生事象の原因を追究するためには、通常は次のような段階を踏んで分析を行い、その結果により防止対策を立案することが望ましい。

① まず、何が起きたか、発生した事象を客観的に把握する。（現場調査、関係者に対する聞き取り等の初期調査）
② 調査結果に基づき、どのような経緯で起きたかを整理する。（関係する事象全体の状況のまとめ）
③ 直接原因を特定する。（問題事象発生の直接的原因の特定あるいは推定）
④ 直接原因に対する対策を実施する。（応急的対策実施）
⑤ 背後要因を確認あるいは推定する。（直接原因を誘起した要因の特定又は推定）
⑥ 背後要因に対する対策を実施する。（再発防止対策あるいは改善対策の策定と実施）

さらに、これらの対策だけでは不十分と思われる場合は、

⑦ 要因対象を背後の組織的環境や風土的背景まで拡大した組織要因についても検討を行う。
⑧ 実施した対策の効果検証あるいは改善の実施（対策の妥当性確認）

具体的手法の選定を含めて、これらをどのように行うか、あるいはどの程度追求するかは発生した事象により必要性は異なる。

6.1.2　分析手法の分類

分析手法の選定にあたり、何が最も適切であるかは発生事象の形態、対策の目的等によって様々に異なっている。

そのため日本ヒューマンファクター研究所は分析手法をいくつかの形式に分類し、分析目的に適する手法を選びやすくした。

分析の手法については、要因分類型、過程型、関連組織型、人間特性型、リスク評価型あるいはそれらの統合型などを主な分類として、その代表的な手法を次に示す。これらの大部分は専門誌等ですでに公開されており、内容を知ることは容易であるためここでは名称のみを挙げる。

なお、いくつかの分析手法は、必ずしも明確に区分できず、最も特徴的と思われる適用例に基づき分類したものであるが、実際には複数の分類にまたがるものもある。また、ヒューマンファクターの分析に限らずシステムの故障分析

に適したものも含んでいる。

(1) 要因分類型

直接原因、背後要因を一定の様式により洗い出すもので、問題事象の形態が比較的複雑ではなく、要因相互が独立して考えられるような場合に適する。また複雑な事象に対しては、さらに別の手法と組み合わせて詳細に分析を行う。

- SHEL（M-SHEL）分析
- 4M-4（5）E 分析
- CREAM（Cognitive Reliability and Error Analysis Method）
- BTM（Bow Tie Method）分析

(2) 過程関連型（階層型）

問題事象発生に至る過程や要因相互の関係の変化に着目し、全体像の把握を容易にするもので、事故に関連する重要な要因を発見でき、さらに背後要因を掘り下げることにより具体的な対策を導くことができる。

- FTA（Fault Tree Analysis）
- VTA（Variation Tree Analysis）
- SAFER（Systematic Approach for Error Reduction）

また階層型の一種で、事象発生要因を段階的にたどる手法として

- なぜなぜ分析（5Whys, Why-Why Analysis）

がある。これは簡単な事象では単独で使用されることもあるが、一般には他の分析手法における中間段階の要因追求の手段として使われることが多い。

(3) 組織関連型

組織あるいは機能の連鎖が事故の引き金になるという考え方から、組織要因又は機能要因に着目して分析する手法である。

- トライポッドベータ（Tripod Beta）
- FRAM（Functional Resonance Accident Model）

(4) 人間特性型

問題事象の発生に関与した当事者自身の認識から行動に至る過程を分析し、さらにそれらに影響を与えた周辺の要因を区分し追求する手法である。

- J-HPES（Japanese Version of Human Performance Enhancement System）

- PSF（Performance Shaping Factors）分析

(5) リスク評価型

要因分析の結果は通常、対策として反映されるが、対策を実施する場合、問題事象発生の頻度、再発防止の効果、費用、場合によっては社会的影響などを総合的に評価して決定されることが多い。

- ETA（Event Tree Analysis）
- FMEA（Failure Mode and Effects Analysis）

このように分析手法が多数あるのは、分析対象事象が製造、建設、医療、交通、電力、原子力など多岐にわたる分野で発生するため、それぞれの形態にとって一番適合したものが提案されているからと考えられる。実施に当たっては、状況に合わせて変形させたり、いくつかの手法を組み合わせて使用する場合もある。

本章においてはヒューマンファクターの視点から、分析の基本形として、高度な専門知識を必要とせず、比較的理解が容易で現場での使用に適した「VTA」、「なぜなぜ分析」及び「M-SHEL 分析」を解説する。

なお、これら三つの手法は、さらに規模の大きな事象に有効な根本原因分析法として開発した「J-RCA 分析手法」にも使用する。

6.2　VTA

VTA（Variation Tree Analysis：バリエーションツリー分析）手法は、1980年代半ばにJ. ラスムッセン（J. Rasmussen）のラダーモデル（Ladder Model）をJ. ラプラ（J. Leplat）が応用して提唱したものに、さらに黒田勲（日本ヒューマンアクター研究所初代所長）等が改良を加え、対策指向型の事故災害分析法として発展させたものである。現在、わが国においては、建設業、製造業の現場向けに実用化され、さらに、医療や原子力、宇宙開発の分野などでも活用されている。

VTAは、通常とは異なる（Variation）行動あるいは状態が発生した場合、それが最終的に事故や重大事象に発展する要因となるという考えに基づき、それらを時間の経過に従った通常行動と組み合わせ、樹状（Tree）に表現し、視覚的に全体の経緯を把握しやすくしたものである。いくつかの事象について、時間の経緯とともに複雑に関与し合う状況を総括的に理解し、直接原因を見出すためには大変有効である。

ただし、複雑な事象についてはこのVTAのみで対策を立案することは困難である。そのため必要に応じ、次に示すなぜなぜ分析やM-SHEL分析と結合してさらに要因を掘り下げ、最終的に具体的に実行可能な対策まで考えることが望ましい。

6.2.1　VTAの基本的な型

事故や重大事象にかかわるいくつかの要因が、どのようにかかわって、最終的に事故や重大事象に発展したかを時系列で表わしたもので、図6-1に基本的な型を示す。

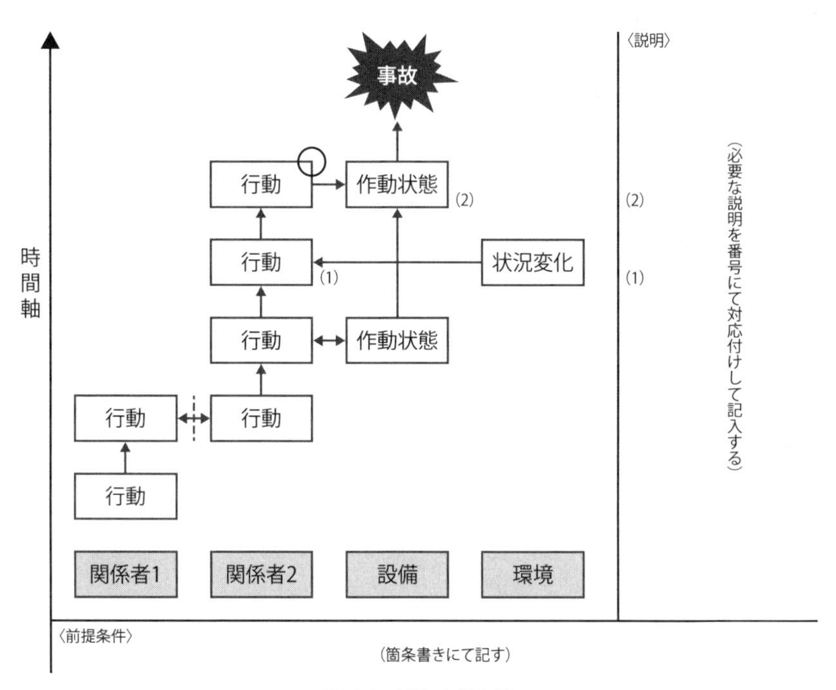

図6-1　VTAの基本型

6.2.2　VTAの構成

VTAの基本的構成を次に示す。

(1) 横軸と縦軸

① 横軸項目：関係者や施設・設備あるいは環境など分析事象に関係する要素を配置する。（関係する要素は、後述するM-SHELモデルにおいて利用する要素を選ぶことが有効である。また、できるだけ事故に強くかかわると思われる事象を中央に配置にすると周辺の要素との関連が複雑に交差することなく状況を把握しやすくなる。）

② 縦軸項目：時間軸とし、時刻を下から上に向かって経過するように記す。年月日あるいは時、分、秒など、わかる範囲で記す。（時刻が特定できない場合は事象を時間的経緯に従い表示してもよい。）

(2) ノード（Node）

「関係者の行動」や「関連設備、環境の変動」など、事故や重大事象に関連した事象を図6-1の内部に示す四角枠に記入したものをノード（Node）と呼ぶ。

ノードとしては、通常の状況を記述する通常ノード及び通常から逸脱した状況（変動要因：Variation Factor）を記述する変動ノードがある。

ノード内の記述は、できるだけ簡略で客観的な表現とし、個人の責任追及にならないよう、現在形又は体言止めにする。

① 通常ノード：通常の状態に関する事象

細線枠

② 変動ノード：通常から逸脱した行動や状態

太線枠

③ 排除ノード：事故や重大事象に直接結びつく可能性のある行動や状態（ノードの右肩に○印を付す）

一般に排除ノードは変動ノードのいくつかが該当するが通常ノードが排除ノードになる場合もある。

逸脱状態の排除ノード　　太線枠

通常状態の排除ノード　　細線枠

④ 推定ノード：状態が推定の場合　　?

6.2.3　ノードの関連付け

ノード間の因果関係を明らかにするために、以下のように矢印で結ぶ。

①　事象に方向性がある場合は一方向矢印を付す。

事象が相互に関連ある場合は双方向矢印を付す。

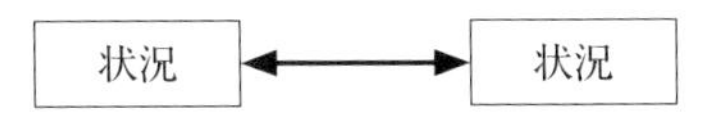

②　相互のコミュニケーションに問題がある場合は関連線に斜め実線を付す。

③　ブレイク（切断点）

因果関係、事象の連鎖を断ち切ることで事故への進展が防げたと思われる箇所に矢印に直交する破線を付す。

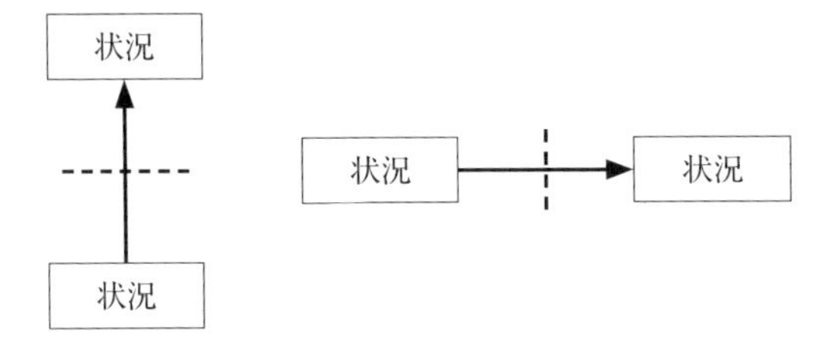

④　説明

各ノード枠内の記述はできるだけ簡略に行うが、記述が十分でない場合は、関連番号を付して全体図の右側に補足説明を付記する。

（図 6-1 参照）

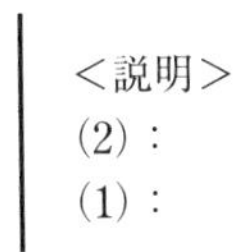

⑤　前提条件

横軸の下を太線で仕切り、横軸項目全体に共通する事項を記す。

6.2.4　VTAの作成手順

① VTAを作成するには、まず何が起きたか、誰が何をしたかを、調査、インタビュー、ヒアリングなどを通じて、可能な限り詳細な情報を得る。
② 調査結果に基づいて、時間経過とともに起きた事象ごとにノードとして四角枠を設けて記述し、時系列に沿って配置し、関連を矢印で結ぶ。
③ ノード内の表記（記述）は現在形で体言止めとし、一つのノードには一つの事象のみをできるだけ簡潔にかつ客観的に示す。枠内に記入しきれない場合は枠下に番号を付して、全体図の右側に説明を記す。
④ 客観的事実が確認できない等、やむを得ない場合は「推定ノード」として表示してもよい。
⑤ 変動ノード（通常から逸脱した行動や状態）を見出し、太線枠で示す。
⑥ 発生事象に関与すると考えられるものは「排除ノード」とし、右肩に○印を付ける。排除ノードとは、それを排除すれば重大事象が発生しなかったのではないかと考えられるノードである。一般的には、変動ノードのいくつかが排除ノードになるが、稀に通常ノードが排除ノードになる場合もある。これは通常どおりの行動でも、そのときの状況によっては事故などのきっかけになることを示している。
⑦ あるノードから次のノードに進まなければ事故には至らなかったと思われる箇所、あるいは要因相互間に切断点（ブレイク）を付ける。
⑧ ⑥の排除ノードと⑦のブレイクが直接原因となる。
⑨ 最後に全体を見直して、発生事象が妥当に表現できているか確かめる。

6.2.5　VTA作成上の留意事項

分析者が先入観を持って結果論的に推測を加えたりすると、重要なポイントを見逃してしまうおそれがある。そのときの現場、当事者の視点でかつ客観的な視点でVTAを作成することが肝要である。その時点において対象者は、将来事故や災害などが発生することは予想もしていないのだから、分析者はその時点（ノード点）における対象者の一人称（当事者の立場）で考えることが重要である。

6.2.6　VTAの事例

VTAは本来事故や重要な事象の分析のために開発されたものである。比較的簡単な事象に適用した例を図6-2に示す。

事例　起床時間が遅かったため、交通事故発生

通常より朝早く重要な会議が予定された日の前夜、予定外の残業で帰宅が遅くなってしまった。しかし仕事に関係があるテレビ放送があったので深夜まで見た後、目覚まし時計をセットして就寝したが、翌朝目覚ましが鳴らなかった。

また家族に頼まなかったので、起こしてもらえなかった。

さらに通勤に利用している自転車が途中でチェーンが外れ、その修理に余分な時間がとられた。

遅れを取り戻そうとして急いでいたため交差点の赤信号に気づかず、右から来た自動車と接触し大けがを負って長期入院することになった。

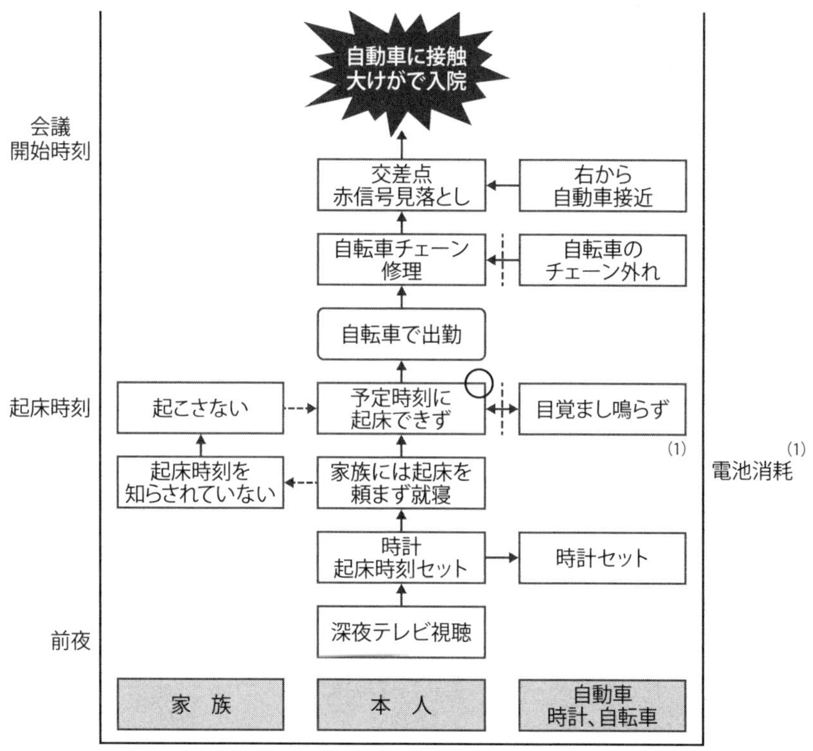

図 6-2　事例の VTA

6.2.7　簡易要因分析

VTAは、いくつかの事象が時間の経過とともに複雑に関連し合う状況を視覚的に表現できるので、問題点の発見が容易で有効である。しかし、比較的単純な事象に対しては図6-3に示すような簡易要因分析、あるいは経緯ダイアグラムと呼ばれるような手法が、複雑な手順がなく実用的である。

基本的な考え方は、正しい手順に対し、その過程で決められた手順と異なった手順があったなら、それを正しい手順と対比して事故との関連を特定し、その原因に応じて必要な対策を打つことができる。もし必要ならば、なぜなぜ分析やM-SHEL等による要因分析を行って問題の最終的な原因を見出し、対策を誘導するものである。

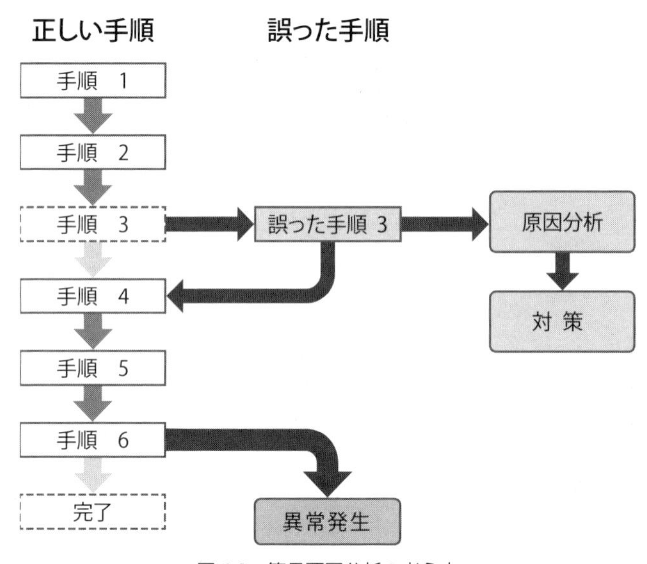

図6-3　簡易要因分析の考え方

6.3　なぜなぜ分析

VTAは複雑な要因が関連して発生した状況を把握し、直接原因になったと考えられる問題箇所を見出すのに大変有効である。しかし、これだけで直ちに対策を決定することは難しい場合が多い。そのため、次に述べる「なぜなぜ分析」や「M-SHEL分析」などを併用して、さらに深く背後要因を追求し、具体的な対策を立てることが必要になる。

なぜなぜ分析は、品質管理における原因分析手法の一つで、発生事象に関し、それを起こしたと考えられる要因について「なぜ」、「なぜ」という段階的追求を繰り返すことにより根本的な原因に到達するというものである。この手法は、トヨタ自動車が不具合発生に対し、その原因を「なぜなぜ5回(5Whys)」として社内で分析活動を推進したことから有名になった。また国外でも”Why-Why Diagram”、“Why-Why Analysis”などとして広く活用されている。

6.3.1　なぜなぜ分析の考え方

事故や不具合が発生すると、通常は応急的な処置の他に、その原因を求めて再発防止対策を考える。

VTAでは、その経緯と事故に結びつくいくつかの不自然な行動が、排除ノードやブレイクとして原因が特定される。ただ、通常これだけでは十分な対策を見出すことは難しい。そのため次の段階としてそれがなぜ起きたかという要因を推定し、さらにその要因がなぜ、なぜという追求を繰り返し、これ以上考えられない究極的な要因を見つけ出すことが重要である。

もしある事象の要因が複数考えられる場合は、それぞれに対し「なぜ」を行うと最終的な要因は複数になるが、対策はそれぞれに対して考えなければならない。また発生事象の内容によって最終的な結論に到達する「なぜ」の回数は一定ではない。

6.3.2　なぜなぜ分析図の作成

なぜなぜ分析は、図6-4に示すように問題事象に対して、最初の疑問を「なぜ(その1)」として背後要因を求め、それが考えられる最終的なものでない場合は、さらにその背後要因に対する背後要因を順次見出していく。つまり最初のなぜ要因を起点としてその原因を段階的に掘り下げる。それを何回か繰り返すことにより最終的な要因にたどり着く。事象の複雑性にもよるが、「なぜ」は5段階程度で収まるようにすることが望ましい。

図6-4になぜなぜ分析の基本形を、また図6-5に複数の因果関係のあるなぜなぜ分析例として6.2.6に挙げた事例をなぜなぜ分析で実施した例を示す。

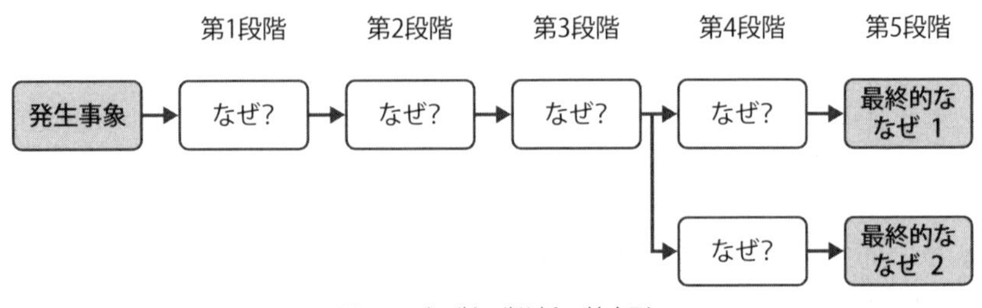

図 6-4　なぜなぜ分析の基本形

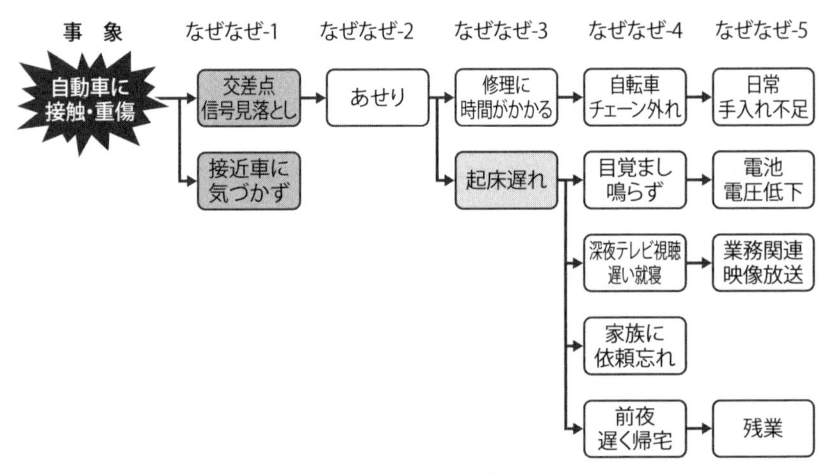

図 6-5　6.2.6 の事例のなぜなぜ分析

(1) 因果関係の横軸と縦軸

なぜなぜ分析は、図 6-5 を例にとると因果関係を横軸と縦軸の流れに分けて考えることができる。

① 横軸：因果が時系列で並ぶ。
　「交通事故」から「帰宅直前の業務依頼」までは時間を遡っている。このようにすると原因にたどり着ける。

② 縦軸：結果に対して、複数の原因が考えられることがある。これについての要因も考える。

なお、なぜなぜの分析要因として、次項に説明する M-SHEL の各項目を考慮して分析を進めると、重要な視点を抜けなく観ることができるとともに、この後に利用する M-SHEL 分析を容易にかつ効率的に進めることが可能となる。

また、なぜなぜ分析の妥当性は、逆方向（右から左に）に「だから」の言葉を用いて説明が成り立つことを確認する。

(2)　複数の因果関係

結果に対する原因は一つとは限らない。そのような場合は図 6-5 にあるように、「目覚まし時計が鳴らなかった」のは「セットし忘れていた」あるいは「電池切れだった」、また「家族に起床を頼まなかった」のは「頼んだつもりでいた」ことが考えられる。さらに焦りで信号見落としの結果、事故に遭ったのは、「通勤に利用している自転車の故障」あるいは、何か他のことに注意が向いていたことなどが考えられる。その結果これらの現実的な原因として「日常の生活管理」や時計、自転車などの「器具類の点検不足」などにたどり着く。

6.4　M-SHEL 分析と対策

人間が関与する重要事象の分析では、当事者の行動特性を考慮する必要がある。そのためには前述の SHEL モデル、さらにはそれに M（マネジメント）を加えた M-SHEL モデルを基本に考えることが有効である。M-SHEL 分析はこのモデルを基本としており、応用範囲は非常に広い。最大の理由は、主な人間の行動に関連した視点が的確に含まれているからである。

すなわち、通常の行動であれ、非定常時の行動であれ、行動するのは自分（当事者）「L」であるが、そのときにどのようなソフトウエア「S」、ハードウエア「H」が使用されていたか、またどのような環境「E」で、誰「(自分以外の) L」が自分にかかわっていたか、さらに、その行動に関連する組織「M」がどのようであったかという視点での分析を行う必要がある。

6.4.1　M-SHEL 分析による対策立案

M-SHEL 分析は前述のように、当事者を中心にそれにかかわる周辺の要因を元に関連を考えるという基本的な考え方に基づくもので、通常は表形式で表す。

本表で L-S、L-H、L-E とあるのは「当事者とソフトウエア（規則、基準等）の関係」、「当事者とハードウエア（設備、器具等）の関係」「当事者と環境（作業環境、風土等）」を表している。一般的な形式を表 6-1 に示す。

表 6-1　M-SHEL による原因・要因分析と対策

基礎情報　（必要により作成）

	分析対象の事象
行動・状態	発生に関係があると思われる関係者の行動や対象物の状態など

M-SEHL による分析

M-SHEL	M	S（L-S）	H（L-H）	E（L-E）	L（L-L）	L
原因 ・ 要因	行動・状態に関与するマネジメントによる原因あるいは要因	行動・状態に関与する規則・基準等による原因あるいは要因	行動・状態に関与する設備・器具等による原因あるいは要因	行動・状態に関与する環境による原因あるいは要因	行動・状態に関与する当事者と関係者とのかかわりによる原因あるいは要因	行動・状態に関与する当事者自身による原因あるいは要因
対　策	対策	対策	対策	対策	対策	対策

VTA あるいはなぜなぜ分析と連続して実施する場合など、すでに状況が明らかになっている場合は、基礎情報欄の作成を省略して直接 M-SHEL による分析を実施してよい。

M-SHEL 分析表において原因・要因欄には、VTA の排除ノードやブレイク、あるいはなぜなぜ分析の「最後のなぜ」、つまり最終的と考えられる要因を記入する。背後要因は一つとは限らないので、M-SHEL 視点を手がかりに考えられる要因をすべて列挙する。

例えば、「L」欄については、当事者自身が関与した行動／状態に至らしめた原因あるいは要因を記述する。ただし、責任追及的な表現はしない。記述はこの後の対策に役立つ視点で、あくまでも事実に基づいて作成する。

「L」に限らず、要因の中には、いつか他の人が同じようなエラーをする可能性のあるものがある。このような背後要因は十分に検討して記述しないと、その後の効果的な対策が導けない。

対策欄は、原因・要因欄に記述した事項を解決するための対策を記述する。対策は、個々の原因及び要因に対して立てることが基本であるが、対策によってはいくつかの原因や要因に対して共通となる場合もある。

また状況に応じ、短期、中期、長期などのように分けて対策を立て、かつ、それに対するアクションプラン（実行計画）を作成することも有効である。

6.4.2　対策立案のポイント

これらの分析手法により策定された対策は必ずしも一つとは限らない。効果のあるもの、実効性のあるものを考え、次の点を考慮して立案する。

① 当事者のみに対策の焦点を当てない。
② 形式的、抽象的な対策を立てない。
③ 旧来の手法でも有効なものは適用する。
④ 責任転嫁主義、他人事主義とならないようにする。
⑤ 具体性、実効性、的中性、確実性、経済性、永続性などを考慮する。

最も大切なことは、現場の作業者がその対策を理解でき、かつ納得を得られるようにすることである。確実でしっかりした対策を一つに絞ることは難しい。したがって、有効な対策は、立案者のヒューマンファクターについての理解が必要である。表6-2に6.2.6の事例に対しM-SHEL分析を行った例を示す。

表6-2　6.2.6の事例のM-SHEL分析

M-SHEL	M	S（L-S）	H（L-H）	E（L-E）	L（L-L）	L
原因・要因	早朝会議の設定	業務配分不均等	日覚まし時計電池切れ 自転車故障	残業が続く職場環境	家族との情報共有不足	遅い帰宅に続き、深夜テレビを視聴
対　策	業務処理の改善検討	業務処理の改善検討	日常用具等の点検	業務処理の改善検討	家族関係を深める	自身の体調管理

6.5　根本原因分析

近年、事故や重大事象の引き金となった当事者に起因するような問題も、実は背後にある組織的要因や職場風土、企業の安全文化などが潜在的な要因であると考えられることが多く見られる。そのため事故や重大事象の多くは直接的な原因だけではなく、環境や組織などを含む背後的な要因を追及し、その対策を考えることが再発防止には重要となってきた。背後要因の元になっているのが真因とも呼ばれる根本原因である。この考え方に基づいた分析システムが「根本原因分析（RCA：Root Cause Analysis）」である。

ただ「根本原因分析」とは、特定の分析手法を指す名称ではなく、要因分析手法を組み合わせて、組織要因を含む究極的な原因（根本原因）を見出し、対策を立てるための方策の総称である。そのための分析手法は多種多様の形態がある。

6.5.1　根本原因分析法の変遷

「根本原因分析」について、米国では1980年代から研究が始められたといわれているが、1994年11月にダナファーバー癌研究所（Dana-Farber Cancer Institute）で発生した医療事故がその普及に大きな役割を果たした。その医療事故では、乳癌患者2名に対し、予定の4倍もの抗がん剤を4日間にわたって投与した結果、そのうちの1名が3週間後に心不全により死亡した。原因調査の結果、この事故には多くの医療関係者のエラーが連鎖して発生したが、その背後には、病院の組織的要因のあることが判明した。このことが医療過誤対策の見方を医療者個人の責任追及から医療安全システムの構築へと大きく向きを変えるきっかけとなった。そしてこのときの分析の考え方（RCA）は、1995年以降に医療関係者によりアメリカからわが国に「根本原因分析」として導入され、現在では多くの産業界で使われるようになってきた。

6.5.2　わが国における根本原因分析

1999年9月に発生した株式会社ジェー・シー・オー（JCO）における核分裂反応臨界事故（死者2名、認定された被曝者667名）がきっかけとなって、2004年に「原子力事業者の技術力に関する審査指針」が内閣府原子力安全委員会において採択された。その後、2007年に経済産業省旧原子力安全・保安院（NISA：Nuclear and Industrial Safety Agency）では、2006年9月に検査制度改善の目的の一つとして、事業者による「不適合是正の徹底」が示され、「根本原因分析」がその目的を達成するための具体策の一つとして位置づけられ、ガイドラインが検討された。その結果、2007年8月27日付の原子力安全・保安院の通達により、「事業者の根本原因分析実施内容を規制当局が評価するガイドライン」が示された。そのガイドラインによれば、根本原因分析は次のように定義されている。この分析手法は、単なる一分析手法ではなく、その後の改善処置までを含んでいる。

根本原因分析：
直接原因分析を踏まえて、組織要因を分析し、マネジメントシステムを改善する処置をとること。

（注）一般的には技術的要因を分析することも含まれるが、技術的に既知であるにもかかわらず適切に組織的な対応がとられていないために発生している事故、故障が多いことを考慮しこのように定義する。

（平成19年8月27日原子力安全・保安院並びに独立行政法人原子力安全基盤機構）

前記のJCOにおける臨界事故の直接原因は、作業者が中濃縮ウランを規程に反して大量に沈殿槽に入れたことである。しかし、事故分析をしていくと、なぜ作業者が「規程に反したのか」、「規程に反するとどうなるかを知っていたのか」、「臨界のおそろしさについて教育されていたのか」、また、会社は「硝酸ウラニル溶液をつくるようには設計されていない施設で、なぜ、硝酸ウラニル溶液製品をつくり出荷していたのか」、「エラーがあっても臨界に至らない設計が施されていなかったのはなぜか」、さらに、国は「なぜこのような施設を許可したのか」といった組織のあり方、企業の安全文化などが根底にある原因として見えてくる。

このような最終的要因と考えられる原因が「根本原因」と言われるもので、原子力安全・保安院はそれに対する改善策を講じ処置することまで含めて「根本原因分析」とした。ただ「根本原因分析」には定められた手法があるわけではない。

また発生事象の規模、様相によってどの程度までを根本原因とするかはそれぞれ異なってくる。そのため、いくつかある分析手法の中から発生事象に適した手法を選んで使用する必要がある。

6.5.3　根本原因分析の主要手順

故障あるいは異常事象の防止対策を検討するための原因分析手法は、当初は品質管理の一環として開発されてきた。特にわが国ではQC（Quality Control：品質管理）において多くの手法が提唱され、現在でも、主として機器や設備の故障分析や改善のために使用されている。

一方、事故やトラブルの原因の多くが、人間の過ちがきっかけとなるとの見方が多いことから、ヒューマンファクターを重視したエラー分析手法が着目され、この分析手法も多くの研究者により、様々な分野で提唱、実用化され始めた。

また、品質管理において、故障原因を追求する場合でも、何らかの形でヒューマンエラーに関連する要因を見出されることが大きく、そのため、多くの品質管理手法が形を変えてヒューマンエラー分析手法として使用されている。

加えて、最近では前述のように問題事象に対する直接的原因の発見や対策だけではなく、再発防止や類似事例の防止などを含めた根本原因分析が推奨され、特に、その背後にある要因を掘り下げることの重要性が強調されている。

本章の初めに述べたように、現在、ヒューマンエラー分析手法として考えられているものは極めて多い。根本原因分析と考えられるものは対象となる事故や発生事象の形態、程度により、それぞれに最も適した分析手法を元に構築され、その結果として種々の根本原因分析手法が開発されている。

わが国では原子力分野の安全対策が進んでおり、日本電気協会（JEA）に属する原子力規格委員会（NUSC）が発行した原子力発電所における安全のための品質保証規程JEAC4111と電気技術指針JEAG4121に、根本原因分析の規程と分析の流れが示されている。図6-6に原因分析の手順の流れを示す。

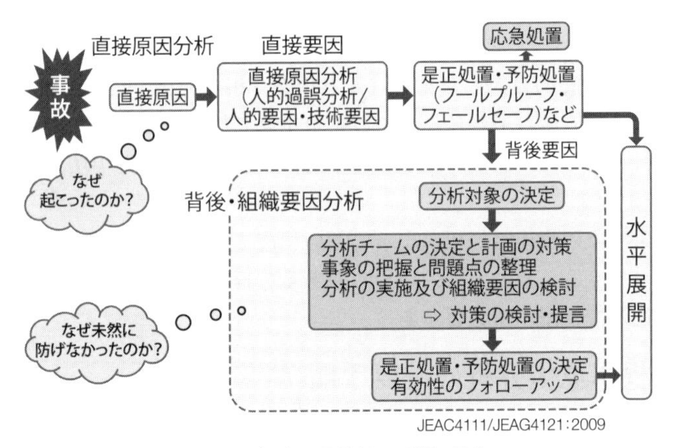

図6-6　根本原因分析の手順の流れ

6.5.4　根本原因分析への適用分析法の例

多くの分析手法の中では、組織要因を見出すことを重点に開発されてきたものもある。それらの代表的な分析法と概要を表6-3に示す。

表 6-3　根本原因分析に適した分析法の例

名称		概要・用途	開発者・利用者
ATOP	Analysis Tool for Organizatoin and Problems	人間の処理段階（判断・行動など）を内部要因・外部要因で分析	原子力安全システム研究所が、関西電力の新 RCA として、米国 HPES の分析手法の考え方を取り入れて開発した手法
CREAM、拡張CREAM	Cognitive Reliability and Error Analysis Method	観測可能なエラーモードから、人間行動を分類し、原因と結果を関連づけ	E. ホルナゲルが提唱、海事安全研究所などが利用、日立製作所が拡張モデルを提唱
FRAM	Functional Resonance Analysis Metod	システム構成機能の連鎖を記述する自己分析モデル	E. ホルナゲルが考案、世界的に多くの分野で利用
HFACS	HumanFactors Analysis and Classification System	エラーが階層化された防護壁の欠陥により事故に発展することに着想した原因分析手法	1997 年米国海軍により開発され民間航空をはじめ米国航空界で広く利用
J-HPES	Japanese Version of Human Performance Enhancement System	米国INPOによるHEPSを基に、事実関係の調査、背後要因の分析対策策定手法	米国原子力発電運転協会が開発したHPESを電力中央研究所が日本の原子力発電の実情に合わせて開発
R-Map	Risk Map	発見されたリスクを評価し、段階的に対策を検討、実施して、結果を評価する手法	日科技連研究会で提唱、国際規格の要求にも整合しているとして現場活用を目指す
SAFER	Sistematic Approach for Error Reduction	評価を一連の作業として 7 段階の事象分析による対策決定法	河野龍太郎が提案、東京電力他医療分野などで利用
STAMP	System Theoretic Accident Model and Process	相互に作用する機能単位でハザード要因を考えるという安全性解析手法	N. レブソンが提唱し、航空、宇宙システムの他、製造業、医療分野などで利用
TapRoot	Taproot Cause Analysis	時系列の事象関連図を利用し、評価、報告までを 7 ステップで構成	1997 年に元デュポンの M. ハラディが提唱し、2000年に総括したもの、工業、化学、通信分野で利用
Tripod Beta	Tripod Method	発生事象の各ノード構成要因を追求し、対策を検討	オランダ Shell 社、ライデン大学、英国マンチェスター大学の共同開発、日本の運輸組織が利用
VA NCPS-RCA	Veterans Affairs NCPS Root Cause Analysis	情報収集より「出来事流れ図」を作成、なぜなぜ分析を利用し、背景要因を追求する手法	米国退役軍人病院、患者安全センター(NCPS) が開発、重大事象の原因分析に利用
J-RCA	JIHF- Root Cause Analysis	M-SHEL を主要分析に、VTA 及びなぜなぜ分析を併用した簡潔な根本原因分析手法	2014 年に日本ヒューマンファクター研究所が構築、日本原子力研究開発機構他、交通、製造産業等で事故分析に利用

6.6　J-RCA

前述のように、根本原因分析の手法としては、これまでも多様な手法が提案されているが、構成が複雑で専門的知識を必要とし、現場レベルでの使用には適さないものも少なくない。そのため日本ヒューマンファクター研究所は2014年、既存の分析手法を系統的に組み合わることにより、複雑性を排除し、現場作業者でも容易に根本原因分析が行えることを目的としたJ-RCA（JIHF-Root Cause Analysis）を開発した。このJ-RCAは、主に、原子力安全基盤機構（JNES）のRCAガイドライン及び原子力規格委員会（NUSC）規格JEAC4111-2009を参考にしたものであるが、発表後原子力産業以外にもいくつかの企業において根本原分析として使用され、実用性が検証されている。

6.6.1　J-RCAの構成

J-RCAは、事故発生時の応急対策から、直接原因分析と対策、背後要因分析と対策、さらに組織要因分析と対策を行い、最終的に、事故の再発防止及びその防止策評価まで考慮したものである。具体的には、表6-4に示すような4フェーズ8ステップによって段階的分析を行うことにより根本的な原因を求めるもので、基本的にはVTA、なぜなぜ分析及びM-SHEL分析の組み合わせによって構成されている。図6-7にJ-RCAの基本形を、また図6-8に実際に適用する場合の分析・対策の流れの全体を示す。

表6-4　J-RCAの4フェーズ8ステップ構成

フェーズ	ステップ	目的	手法
フェーズ1 （応急処置）	ステップ1	何が起きたのか？	調査
	ステップ2	どのような経緯で起きたか？	VTA
	ステップ3	直接原因に対する応急対策は？	SHEL分析
フェーズ2 （背後要因）	ステップ4	背後要因は何か？	なぜなぜ分析
	ステップ5	背後要因の対策は？	M-SHEL分析
フェーズ3 （組織要因）*	ステップ6	組織要因は何か？	なぜなぜ分析
	ステップ7	組織要因の対策は？	M-SHEL視点
フェーズ4 （フォローアップ）	ステップ8	フォローアップ	対策評価

*：組織要因については、章末の注参照

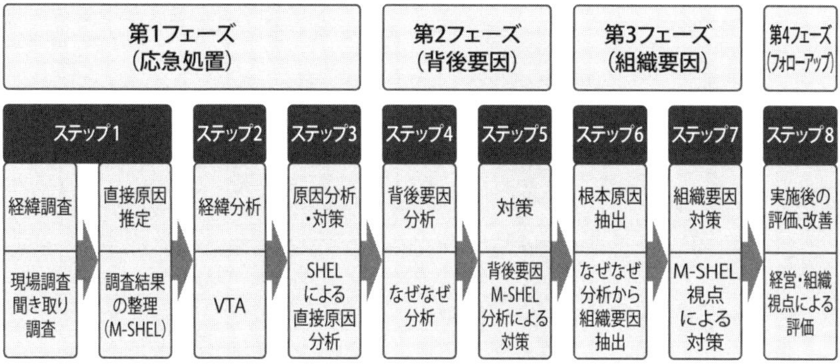

第1フェーズ（応急処置）				第2フェーズ（背後要因）		第3フェーズ（組織要因）		第4フェーズ（フォローアップ）
ステップ1		ステップ2	ステップ3	ステップ4	ステップ5	ステップ6	ステップ7	ステップ8
経緯調査	直接原因推定	経緯分析	原因分析・対策	背後要因分析	対策	根本原因抽出	組織要因対策	実施後の評価、改善
現場調査聞き取り調査	調査結果の整理（M-SHEL）	VTA	SHELによる直接原因分析	なぜなぜ分析	背後要因M-SHEL分析による対策	なぜなぜ分析から組織要因抽出	M-SHEL視点による対策	経営・組織視点による評価

図 6-7　J-RCA の基本形（2014 年）

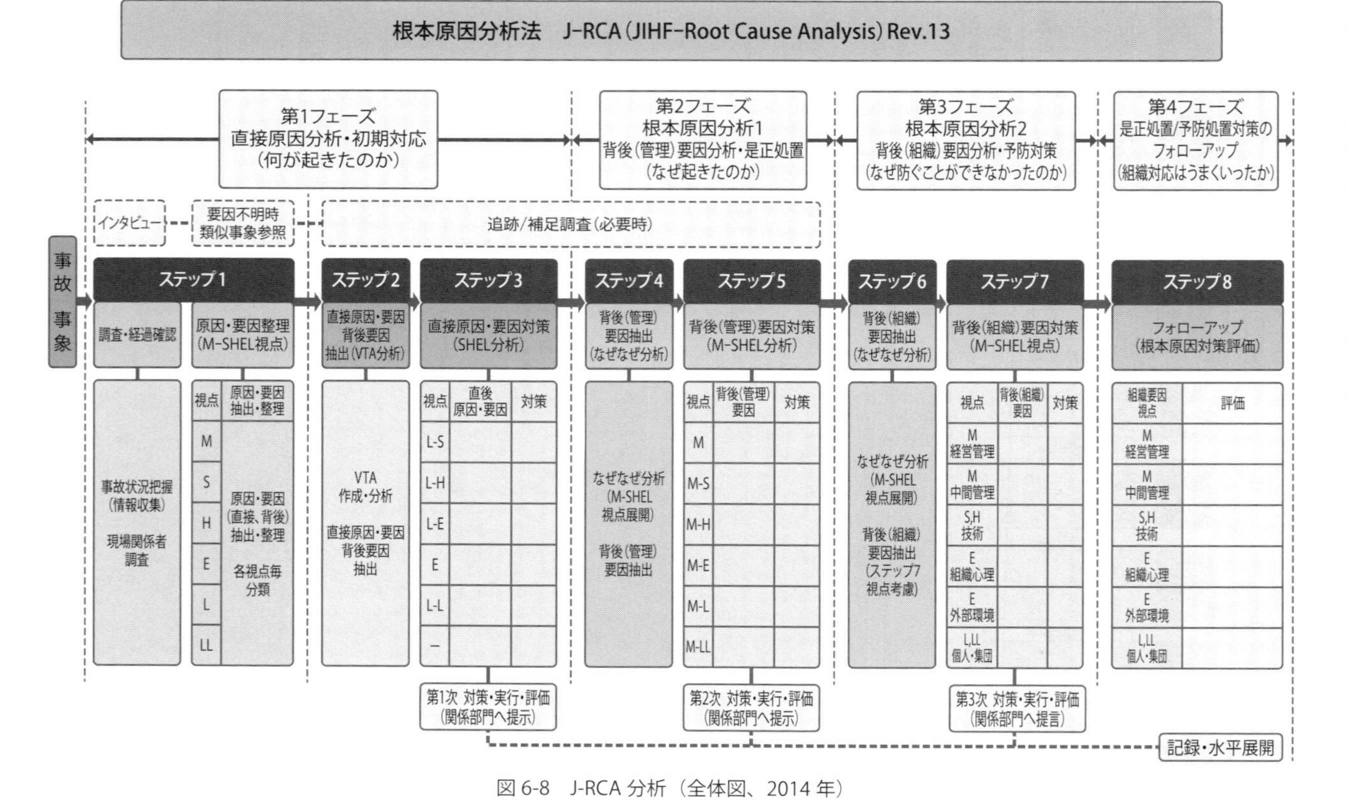

図 6-8　J-RCA 分析（全体図、2014 年）

6.6.2　4フェーズ8ステップの概要

事故発生後の調査、分析、対策立案を経てフォローアップまで、次に示す4フェーズ8ステップからなる。

① 第1フェーズ 「何が起きたのか」
事故直後の、直接原因・要因を調査分析し、応急対策（短期対策）を施し、現場復旧を図る。

② 第2フェーズ 「どうして起きたのか」
直接原因がいくつか判明したことにより、それらの背後要因を分析するとともに、中期的対策を施し、再発防止を図る。

③ 第3フェーズ 「なぜ未然に防げなかったのか」
事故にからむ管理、組織要因を分析し、根本原因の特定、対策立案し、事故に関連する組織全体を通じて長期的な再発防止策を施す。

④ 第4フェーズ 「対策はうまくいったのか」
根本原因対策が施され、有効に機能しているか評価を行う。万一不備がある場合には、前の第2フェーズあるいは第3フェーズに戻る。

6.6.3　J-RCAの分析手順

(1) 第1フェーズ （ステップ1～ステップ3）

事故が発生すると通常、事故調査が開始され、現場調査により経緯を明らかにし、それに基づいて直接原因分析（VTAの作成）を行い、SHEL分析による対策が立案される。

① ステップ1 （何が起きたのか）
直接原因・要因を推定するため、まず現場調査が実施される。現場の保存性が良く、事故関係者の記憶も明瞭な時期に、M-SHEL視点を踏まえて調査を行うと抜けがなく効率が良い。事故当事者へのインタビューも早い段階に実施する。

② ステップ2 （どのような経過か、直接原因抽出）
ステップ1での調査資料を基に、事故に至る時間的経過を、前述のVTAを利用して明確にし、直接原因を抽出する。

③ ステップ3 （直接原因確定とその対策立案）
直接原因（技術的要因・人的要因）に対する是正対策を表6-5のようにSHEL分析（管理要因：Mはまだ求めない）により対策を立案し、現場に適用する。再発が懸念される背後要因の抽出は次の第2フェーズで行う。

表 6-5　SHEL マトリックス

視点	直接原因	対策
L-S		
L-H		
L-E		
L-L		
L		

(2) 第2フェーズ (ステップ4〜ステップ5)

なぜなぜ分析により背後要因を分析し、M-SHEL 分析により背後要因対策を立案する。

① ステップ4 (背後要因の抽出)

直接原因がなぜ生じたのか「なぜなぜ分析」を利用して、背後要因を抽出する。このとき特に管理、組織要因を重視して、M-SHEL 視点を考慮すると、漏れが少なくなる。

② ステップ5 (背後要因とその対策立案)

抽出した背後要因を M (組織) の視点から表 6-6 のように分類し、得られた背後要因に対する対策を求める。

得られた対策を中期的対策として事故現場あるいは関連部署へ適用する。

表 6-6　M-SHEL マトリックス

視点	背後要因	対策
M		
M-S		
M-H		
M-E		
M-LL		
M-L		

(3) 第3フェーズ (ステップ6〜ステップ7)

なぜなぜ分析によって組織に関する背後要因を抽出し、M-SHEL 分析により対策を立案する。

① ステップ6 (組織要因の抽出)

背後要因の中の主要要因を取り上げ、なぜなぜ分析を行い、根本原因

(真因) を見出す。この段階では、管理要因あるいは直接見えにくい組織要因の抽出を主体とする。

② ステップ7 (組織要因の確定とその対策立案)

組織要因を確定し根本原因を明らかにし、表6-7に示す組織要因マトリックスにより対策を立案する。

なお、表6-7の視点は、経済産業省の原子力産業に対する評価ガイドラインなどを参照し若干の修正を加えたものであるが、企業の形態によっては該当しない項目、あるいは別の要因が考えられる場合もあるので実情に合うように変更してよい。

表6-7 組織要因マトリックス

視点	組織要因	対策
経営管理要因 (M)		
中間管理要因 (M、LL)		
技術要因 (S、H)		
風土・心理要因 (E)		
外部環境要因 (E)		
個人・集団要因 (L、LL)		

(4) 第4フェーズ (ステップ8)

対策の実効性や有効性などを検証し、必要な場合は再検討する。

① 第8ステップ (フォローアップ)

第3フェーズまでに立てた対策による組織への対応は、その効果が現れるには時間がかかることが予想される。CSR (企業の社会的責任) を踏まえて表6-8に示した視点で妥当性を評価し、不備がある場合は第2フェーズや第3フェーズに戻ることとする。

表6-8 対策評価の視点

視点	改善要因	対策	妥当性評価
経営方針			
職務遂行			
安全技術対策			
対策普及・浸透			
社会活動			
教育訓練			

注：「組織要因」について

根本原因分析における組織要因として考えられる項目は、企業の種類や業務形態、規模等により必ずしも一様ではない。

表6-7に挙げた項目は一般的な例であり、実際には分析対象に適した項目を設定することが望ましい。

次に経済産業省が原子力産業に対するガイドラインとして示した「組織要因の視点」を挙げる。

（参考）
経済産業省
「事業者の根本原因分析内容を規制当局が評価するガイドライン」（平成19年8月）

根本原因分析における組織要因の視点

根本原因分析における組織要因の視点の例を以下に示す。

なお、分析にあたってはこれら組織要因間の因果関係を考慮すること。

(1) 外部環境要因

当該組織の外部環境に関わる要因で、「経済状況」、「規制の対応方針」、「外部コミュニケーション」、「世評」等が当該組織に与えた影響が事案に関係するときに組織要因の候補となる。

(2) 組織心理要因

組織（全社、発電所、課、グループ、班等の各集団レベル）の中に長期にわたり培われ形づくられた思考形態・行動様式等として、組織構成員の共通の価値観となり意識、認識、行動となって顕れるもの(注)に関わる要因で、それが事案に関係する時に組織要因の候補となる。（注）組織風土と呼ぶ。

(3) 経営管理要因

本社の経営管理に係る要因で、「トップマネジメントのコミットメント」「組織運営（経営状況、組織構造、組織目標・戦略、本社の意思決定等）」「人事運営」「社是やコンプライアンスの標準・基準」「本社と発電所のコミュニケーション」「自己評価（又は第3者評価）」等の不適切さや具体性、実効性がないことが事案に関係するときに組織要因の候補となる。

(4) 中間管理要因

発電所の管理運営に係る要因で、「部署レベルの組織運営（目標・戦略、QMSの構築、マニュアルの整備等）」「ルールの遵守」「学習する組織（技術伝承、運転経験の反映等）」「人事管理」「コミュニケーション」「調達管理（協力会社とのコミュニケーション及び管理）」「組織構成に係る人的資源管理（役割・責任、選抜・配置、力量、教育訓練）」「技術管理」「作業管理」「変更管理（組織変更時の管理、作業の変更管理等）」「不適合管理」「是正処置」「文書管理」等の不適切さや具体性、実効性がないことが事案に関係するときに組織要因の候補となる。

(5) 組織の各階層を構成する集団（例：経営層、部、課、当直班、作業チーム等）に係る要因で、「集団間・内のコミュニケーション」、「集団の知識・学習」「集団浅慮や属人主義的意思決定」等の悪い影響が事案に関係するときに組織要因の候補となる。

(6) 個人要因

組織・集団を構成する個人（従業員や管理職）に係る要因で、「知識・技能」「リーダーシップ」「安全に対する意欲、慎重さ」「管理の意欲」「現場作業者への配慮」「モチベーション、ストレス」の欠陥等の影響が事案に関係するときに組織要因の候補となる。

第7章　現場力を高める

いろいろな産業で、事故が発生したり欠陥商品が発生したりすると、管理者から「現場がしっかりしてくれないと」という声が出てくることがある。しかし、本当にしっかりしなければならないのは管理者で、現場で作業者が間違いなく作業できるように環境（M-SHELモデルの中心のL「人間」の周りのM、S、H、E、L）を整えるのは管理者の仕事であると言える。

その管理者の仕事の一つが、現場作業者の行動を安全で効率の高い行動に変える教育や訓練を付与することである。ここでは、現場力、社会人基礎力、あるいはノンテクニカルスキルなどと呼ばれる現場作業者個々の能力をいかに高めればよいかを概説する。

7.1　CRM（Crew Resource Management）とは

図7-1は、米ボーイング社が毎年出している年次報告に記載されている民間大型航空機の事故率と死亡者数のグラフである。100万回の出発回数当たりの事故件数（破線）が1970年頃から横這いになっているが、死亡事故は後を絶たない。

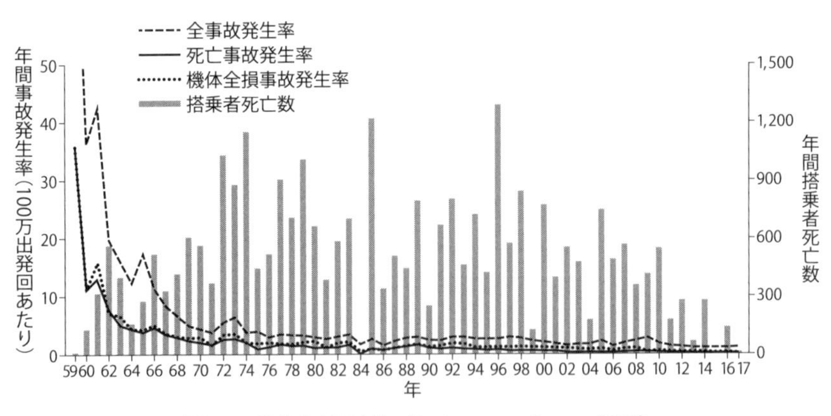

図7-1　事故率と死亡数（Boeing annual report2017）

そのような事態に危機感を持った米連邦航空宇宙局（NASA）は、プロジェクトチームを発足させ、1968年から1976年に発生したジェット旅客機の事故のうち、アメリカ国内における航空事故44件、外国機の航空事故18件の合計62件について再度分析を行った。その結果、これらの事故に共通して次のようなことが頻繁に見られた。

① 些細な故障に気を取られる
② 不適切なリーダーシップ
③ 業務委託及び責任分担の欠落
④ 優先順位設定の不備
⑤ 利用可能データの不十分な活用
⑥ 意思疎通、コミュニケーションの欠落

これらから、ほとんどの事故原因は、関係者相互の人間関係に起因していることが判明した。

7.1.1 大規模なシミュレータ実験

そこでNASAは、それを確かめるために1976年に大規模なシミュレータ（模擬操縦装置）実験を計画、アメリカの航空会社から140人の志願者を募ってその中から20組を選出し、それぞれクルーがどのようなエラーをするかを観察した。

その実験で模擬されたのは、ワシントンのダレス国際空港を出発し、途中、ニューヨークのケネディ国際空港で燃料と貨物を満載してから、ロンドンのヒースロー国際空港へ向かうチャーター便で、フライト中にいくつものトラブルが起こるように仕組まれていた。

最初のワシントンからニューヨークまでは大きな異常もなく、おおむね平穏なフライトであったが、引き続くニューヨークからのフライトは、最初から高いワークロードがシナリオに組み込まれていた。最大限の離陸重量での横風制限いっぱいの離陸、複雑な上昇方式、巡航に移ってからの第二エンジンの停止といったストーリーである。

目的地ロンドンへの大西洋横断飛行は不可能になり、然るべき空港へ引き返さなければならない。そのために選定できる空港は限られる。着陸重量を軽減するために余分な燃料を投棄しなければならない。これでもかとばかりに次から次へと負荷がかかってくるという次第である。また、どこかで対応を誤ると、そのことがさらに新たな課題を生み出すことにもなった。

この結果、多くの機長が判断ミス、リーダーシップの欠如、リソースの活用ミスなどに陥り、事態を解決の方向へ向かわせるどころか一層状況を悪くする事態に陥ってしまうなどの状況がほとんどのクルーに見られた。特にワンマンな機長が率いるクルーは全滅であった。良好な運航ができたのはわずかに数組、それは機長と副操縦士、航空機関士が協力し合ったクルーだけであった。

これは「優秀なベテラン機長もエラーをする」、「皆が力を合わせなければ課題を解決できない」という事実を示すこととなった。つまり、クルーがそれぞれの能力を十分に発揮できるようにすることによって、チームとしての総合的なパフォーマンスを向上させることが事故を防ぐ切り札であることが認識されたのである。

(1) 操縦室（コクピット）における情報公開

そこで登場したのがCRM（Cockpit Resource Management）という操縦室における情報のマネジメント手法である。

CRMとは、「機長も他のクルーも、安全なフライトのために持てる情報を出し合って有効に活用しよう」というコクピットにおける情報公開である。情報の上では「人の上に人を造らず、人の下に人を造らず」、上司であろうが新人であろうが皆同等であるということで、機長のプライドを傷つけずにチームワークを高める手法としてデビューした。

アメリカ連邦航空局（FAA）は1978年に、7.1.1に述べた1976年のシミュレータ実験のように、実際のフライトを模擬した訓練方式であるロフト（LOFT：Line Oriented Flight Training；後述）に関する通達を出した。その後1979年にはNASAがCRM講習会を開いたり、1989年にはFAAがCRMに関する通達を出したりして、CRMのルールを次第に整備していき、各国もそれに追随した。

日本の航空界では、1985年の群馬県御巣鷹の尾根におけるJAL123便B747型機の墜落事故の後に、日本航空がユナイテッド航空から購入したCRM訓練を1986年4月から始めたのが最初で、その後各社が自主的に導入し、法的に義務化されたのは2000年4月のことである。

(2) CRMの新たな展開

CRMは最初、Cockpit Resource Managementとして誕生したが、1998年にCrew Resource Managementとして客室乗務員も加えた形で生まれ変わった。そしてまた運航管理者にはDRM（Dispatch Resource Management）として、整備士にはMRM（Maintenance Resource Management）として、さらに管制官にはTRM（Team Resource Management）として同種の訓練を実

施するようになった。

7.1.2　権威勾配

CRMというマネジメント手法を実現するために必要な要素として、適切な「権威勾配」という概念が調査で明らかにされてきた。

当初、機長とそれ以外のクルー（副操縦士や航空機関士など）の関係は、軍隊方式にならっていた。完全な縦割りで強力な指揮命令系統が望ましいとされ、機長の権威が強すぎて何事も機長の独断で運航され、副操縦士や航空機関士の意見はまったくと言っていいほど採り入れられないといった時代があった。また、副操縦士も航空機関士も機長に自分の意見を述べる雰囲気ではなかったこともあり、機長の言いなりになっていた。つまり、チームとして機能していなかったのである。

しかしベテラン機長も所詮人の子、自ずから限界がある。すべての操作を一人でできるものでもなく、場合によってはヒューマンエラーを起こすこともある。これは、機長がいくら優れていても他のクルーと力を合わせなければ事故を防げないことを意味していた。

機長と他のクルーとの権威の関係は、権威勾配（TAG：Trans-cockpit Authority Gradient）と称され、その関係は図7-2のように分けられる。

図7-2 操縦室における権威勾配（出典：Edwards 1975）

この図は、旅客機の操縦室を後方から見たところである。通常、左席には機長が、右席には副操縦士が座る。この図では両名それぞれの高さで、権威の強弱を示している。つまり、中央の図では、左席の機長が絶大な権限を有し、右席は経験の少ない副操縦士を示している。このような関係では例えば機長が誤った判断をした場合でも、副操縦士はすぐには意見を具申できず、誤りの指摘を躊躇させるような組合せを意味している。

TAGは急すぎても浅すぎてもチームワークを発揮できない。適度な傾斜が必要である。かつての機長と副操縦士の関係は急すぎて、双方のコミュニケーションがうまくいかず、機長のエラーが直接事故につながったものもあった。

一方、ほとんど権威勾配のない場合も問題がある。例えば、同期生同士で機長と副操縦士としてクルーを組むような場合（図7-2の右）は、往々にして権威勾配がほとんど水平のため、リーダーが不在になったり、決断を譲り合ったりしがちなので判断ミスや操作ミスが発生しやすい。

7.1.3　CRM訓練

急すぎたTAGが航空事故の原因の一つであることはわかったが、果たして、誰が機長の首に鈴をつけるのか。そこで開発されたのがCRM訓練手法である。

ヒューマンエラー対策のうち、エラートレラントな対策すなわち「ヒューマンエラーを事故に結びつけない方策」を考えた場合、発生したエラーに気づかせ修正する方策も考えられるが、エラーに陥った本人がそれと気づくのはなかなか難しい。そこで、日頃からコミュニケーションやチームづくりによって環境を整えておき、そのチーム力でカバーする（誰かがエラーに気がつき是正する）方策こそ、エラートレラントな対策と言える。このことを誇り高きベテラン機長にも十分理解できるようにプログラムが組み立てられた。その結果、人間と人間とのかかわり合いの中で、エラーを事故に結びつけないためにチームの力をどう使うかという点に着目して、CRM訓練が考え出された。

CRM訓練は大きく三つの内容に分かれている。

① CRMセミナーと称する座学中心の能力開発セミナー
② LOFTと呼ばれる認知スキル向上シミュレータ訓練
③ 次年度から繰り返される継続訓練

導入当初のCRMセミナーは、3泊4日で実施され、様々な討議やグループワークを実施しながら、コミュニケーションやチームワーク、状況認識、チームでの問題解決、チーム内の作業負荷の管理などといった、チーム作業に必要なスキルを身につけていくように設計されていた。

LOFTとは、先に述べたシミュレータ実験のように、シミュレータを使って、実際のフライトさながらに飛行してチームワークを強化する訓練のことである。気象情報なども含め飛行計画にかかわる運航情報、機体の整備状況などのやり取りは、普段のフライトどおりに別室でなされる。機器の操作、管制官、客室乗務員、運航管理者、整備士などの諸々の業務は、アドミニストレーターと呼ばれる人が何役もこなして、コクピット空間の臨場感を演出する。しかし、どこでどのようなトラブルが発生するかなどといったシナリオについては、パイロットには事前に示されない。

そのようにしてなされた訓練はすべてビデオに収録され、飛行後の振り返りに活用される。しかし、そのビデオは、訓練終了後にパイロットが見ている前で消去されプライバシーは確保される。アドミニストレーターは教官ではないので、ビデオを巻き戻して問題があった箇所を示し「この時点での対応はいかがでしたか」と当事者に課題の解決を促すことはあっても、「ここではこうすべきです」などという指摘はしない。あくまでも、自ら気づいて解決することに力点が置かれている。パイロットの技能は云々せず、もっぱらマネジメントに着目してシミュレータ訓練を振り返り、自分のマネジメントスキルがどうであったかを見直させる、それが「LOFT」の最大の目的である。

LOFT は CRM を実践して体得する優れた訓練手法である。ヒューマンファクターは知識だけでは何の役にも立たない。実行して初めて人間の役に立つのであるから、LOFT のような手法で実際に行動できるようにすることがとても重要である。

7.2　産業分野に共通な CRM 的発想法
～日本ヒューマンファクター研究所が開発した TRM 訓練～

航空で CRM 訓練を導入して以来、少なくとも日本の大手航空会社では死亡事故は発生していない。こういった実績を踏まえ、国土交通省は海運の世界にも BRM（Bridge Resource Management）というマネジメント手法を導入するよう勧めている。

さらに、このマネジメント手法はほとんどの技術者に適用できると考えられるため、あらゆる分野の技術者の教育・訓練に応用され始めた。例えば製造業、電力会社、医療、鉄道などである。これらの業種においては、作業者は多くの場合チームとして仕事をするので、その手法は TRM（Team Resource Management）と呼ばれるようになった。

航空における CRM をベースにして、日本ヒューマンファクター研究所が開発した TRM 訓練は、チームの持つ力を最大限に発揮させるためにチームのメンバーそれぞれがどういう能力を持つべきかという観点から、五つの技能（スキル）を高めることを目的として構成されている。これを定期的に訓練することによって日頃から身につけておけば、安全で質の高いチームとしての仕事を実施できるようになる。それを実際の業務に結びつけて教育・訓練するのが

TRM 訓練である。

7.2.1　TRM 訓練の効果

TRM 訓練を職場に導入することにより、次のような効果が期待できる。

① 行動指標の明確化によるエラー発生率の低減化
② チーム行動の活性化
③ 明朗な職場雰囲気による協同、協調作業の円滑化、効率化
④ 相互モニターによるエラーの防止とエラーの早期発見及び事象の連鎖の遮断
⑤ 情報の共有と徹底による認識向上
⑥ チームとしての問題解決能力の向上
⑦ 健全な自己批判による動機付けと意欲の高揚

7.2.2　TRM スキル

TRM や CRM の技能（スキル）は、文化や風土によって一様ではないと考えられている。したがって、国際民間航空機関（ICAO）、米連邦航空局（FAA）などが代表的な CRM スキルの例を挙げているが、これらはあくまでも参考である。

(1) 国際民間航空機関（ICAO）の例

- 状況認識（Situational Awareness）
- コミュニケーション（Communications）
- 作業負荷の管理（Workload Management）
- リーダーシップ／フォロワーシップ（Leadership/Followership）
- 問題解決（Problem Solving）

(2) アメリカ連邦航空局（FAA）の例

- 意思の伝達と意思決定のスキル
  - a　自己主張（Assertiveness）
  - b　意思疎通（Communication）
  - c　意思決定（Decision Making）
  - d　問題解決（Conflict Resolution）
- チームワークスキル
  - a　リーダーシップ（Leadership）

b　チーム管理能力（Team Management）
- 仕事量管理能力と状況認識性
  a　任務計画能力（Mission Planning）
  b　ストレス管理能力（Stress Management）
  c　仕事量配分能力（Workload Distribution）

(3) 日本ヒューマンファクター研究所の TRM スキル

次に示すものは、日本ヒューマンファクター研究所が日本の文化風土に合わせて開発し、産業界において実施している TRM の五つのスキルである。

- コミュニケーション（Communication）
- チームづくり（Team building）
- 状況認識（Situational Awareness）
- 問題解決（Problem Solving）
- 作業負荷の管理（Workload Management）

7.2.3　TRM スキルの発揮

TRM スキルとは、何らかの不測の事態や困難な状況に直面しても、チームによる創造性と相乗効果を高め、最善と思われる解決策を考え出し、その解決策を適切に実行に移して事態に対処していくためのテクニックのことである。エラーを人間の持つ特性のマイナス面とすれば、問題を解決するために創造性を発揮するという人間の特性のプラス面を活用することであると言える。

(1) コミュニケーションのスキル

「コミュニケーションとは、社会生活を営む人間同士の間に行われる思想交換である。そのなかだちとなるものは、必ずしも言葉に限らず、視覚・聴覚に訴えるものなら何でも良い」（一橋大学名誉教授南博「社会心理学」序論）と言われている。すなわちコミュニケーションは、二人以上の人間が「伝えたいこと」を自分の解釈に従い「記号（サイン）」に変えて伝達し、それが共有されたことを確認することである。つまり、送り手と受け手の間には「記号（サイン）」が介在する。そのために、記号の解釈や時期、量、鮮度、集中の度合いを巡って、エラーが発生することになる。

①　伝達と確認

コミュニケーションは一方通行ではなく、メッセージを相手に伝えると同時に正しく伝わったかどうかを確認する必要がある。受け手側も、相手のメッセージがどのようなものかを積極的に確認する。これらの相互作用により成り立つものであり、情報の交換を頻繁に行うことが重要である。

そのためにはメッセージの送り手は受ける側のわかりやすい言葉を使う、聞き取りやすいように大きな声で伝えるなど受け手の立場に立った発信が必要であり、受け手は、送り手に積極的に質問し、誤解が生じないようにする必要がある。その一つに復命復唱があるが、単なるオウム返しではなく他の表現を使うこと（例えば「3時10分に連絡してくれ」「はい、15時10分に電話すればいいですね」）も一つの手段である。

②　意図開示

業務に関する意見・提案などは率直に述べられるべきであり、安全上必要と思われる場合には、主張の程度を強めることが重要である。緊急度が高く危険度が高く感じられるほど、主張の程度は強められなくてはならない。もちろん現場では積極的に声出し、声がけして情報を共有することが重要である。

③　打合せ（ブリーフィング）

打合せ（ブリーフィング）とは、作業開始前に行われるツールボックスミーティング（TBM：Tool Box Meeting）や危険予知ミーティング（KYM：Kiken Yochi Meeting）、作業途中で状況が変化した場合に行う打合せ、あるいは作業終了後に行う振り返りなどを含め、業務のあらゆる局面において情報交換のために設定される場である。チーム全員が業務にかかわるプランを理解していなければ、効果的なアドバイスを期待できない。ブリーフィングの場を効果的に設定することにより、情報の交換と共有が促進される。

④　一人作業におけるコミュニケーション

自分の行動を口に出してもう一人の自分に対して語りかけることは、慣れた作業などに対して無意識状態で動くことを防止し、有意識化するのに有効である。つまり作業に合わせてその内容を声に出すことは、自分自身のダブルチェックになり、注意を焦点化できる。また、有意識化することにより記憶に残すこともできる。

(2) チームづくりのスキル

「チームづくり」とは、安全でかつ質の高いチームワークを発揮しやすいチームを形成するために必要なスキルの一つである。

「チーム」とは、語源としては「子供を産む」ことから転じて「家族」の意味となった。したがって、男子とか女子のグループなどのように区分けする場合に使う「グループ」とは異なり、チームには次のような特徴がある。

- リーダーと複数のメンバーから成っていること
- 共通の目的を有していること
- 相互に協力し合う関係にあること
- メンバーがそれぞれ専門的な技術を有していること

チームづくりに必要な要素には、少なくとも次の三つがある。

① 雰囲気づくり

チームを有効に機能させるためには、リーダーとメンバーが協力し合ってチームワークを発揮しやすい雰囲気（環境）をつくり出すことが必要である。そのための責任は主としてリーダーにあるが、メンバーの協力的な姿勢も不可欠であり、そのことについてメンバーにも応分の責任がある。

チームワークを発揮するためには、積極的に、しかも自発的に参画する姿勢が必要であり、互いの立場や経験などを尊重した上で、意見や提案を率直に、しかも自由に述べられるようにすることも「雰囲気づくり」の重要な目的である。

この目的は、作業を安全に効率よく行うために必要な環境づくりであり、単に友好的な雰囲気をつくることではない。

② リーダーシップとフォロワーシップ

チームは、一人のリーダーと複数のメンバーから成る。リーダーはリーダーシップを発揮し、メンバーはフォロワーシップを発揮し、チームのために主体的に役割と責任を果たすことが求められている。リーダーは、チームの太陽のような存在なので、日陰のメンバーをつくらないように、常にリーダーシップを発揮し、依怙贔屓せず万遍なくメンバーを照らさなければならない。また、メンバーは、リーダーの意図に沿って行動するだけでなく、フォロワーシップを発揮し、積極的に課題にかかわっていかなければならない。

リーダーは作業全般にわたってその管理にあたり、遠くからものを見るように全体像を把握し意思決定する。また、作業にかかわって大局を見失わないように方略的思考を重視することが大切である。

また、メンバーは、近い視点から一つ一つの作業を確実に処理すること。先行きを気にして現状を見落とさないことが重要である（方術的思考）。

③　役割の相互性

一方、リーダーから業務指示を受けたメンバーは、その業務（タスク）の実施にあたってリーダーシップを発揮しなければならない。またリーダーは、状況によってはメンバーが円滑に業務を実施できるようフォロワーシップを発揮し、支援しなければならない。このように、リーダーシップは、任された仕事を持つ者がそれぞれ発揮するものであり、必ずしも、リーダーだけが発揮するものではない。メンバーの一人がリーダーシップを発揮しているときには、リーダーはメンバーが仕事を円滑に進めることができるようにサポートする、すなわち、リーダーも必要に応じてフォロワーシップを発揮することがチーム力に大きくかかわっている。

リーダーシップのスタイルとして、平常時は上記のような協調型のリーダーシップが発揮され、異常時や緊急時においては権威型のリーダーシップの発揮されることが望ましい。

ちなみに、責任者や最終管理者としてのかつて言われてきた役職にかかわるリーダーシップは、ヘッドシップと呼ばれる。

（3）状況認識のスキル

自己が置かれた状況環境を正しく認識することによって、自分や他のメンバーによる誤った判断、行動を防ぐとともに、機械系の誤作動などを、速やかに発見するための技能である。状況認識を妨げる外的要因としては、次のことが考えられる。

- 高圧的態度の上司の下にいる
- 全体の作業が見えない
- 現場に仲間意識がない
- 事細かく定めごとがある
- 責任を与えられていると思えない
- 絶えず時間のストレスを受けている
- 慣れない仕事をさせられる

このような状況認識阻害要因を克服するためのスキルを、身につけなければならない。

①　状況把握のための観察

- 人間の行動にはエラーがつきものであることの認識を持つ
- 機械は誤作動、故障がつきものであることの認識を持つ
- 何かを操作したとき、何かが変化したときのモニターの重要性を認識

- 先入観を除いた客観的モニターと評価を心掛ける

② エラーと危険の予測

- 何かが起こったら最悪な事態も予想する
- 自己の経験からエラーの発生を予測する
- 警戒心を持ち、希望的観測をしない

③ 認識の共有

- 業務計画の全体像や、リーダーの意図が理解できるようにメンバーに伝達する
- 現状の把握と将来予想をチーム内で伝え合い、警戒心を同一に保持する
- 各メンバーには認識の共有が確保されていることを確認する

(4) 問題解決のスキル

チームとして最も効果的な決定を下すためには、目的を見失わずに有効な解決策を選定しなくてはならない。メンバーそれぞれが持っている情報をすべて明らかにし、各自それぞれの立場上の計画を比較検討し、それぞれについて期待される帰結を想定して総合的な解決策を確定する。そしてそれを全員に周知する。

① 全員参加

安全を確保するために瞬時に決断しなければならない場合を除き、時間に余裕があるときには、チーム全員がこの過程に参画し、情報や意見をすべて出し合い、十分に検討した上で決定に至るほうが、リーダー一人の決断に頼るよりは安全度が高く望ましい結論を得られる。

通常、チーム全員の参画とは、皆でよく話し合うという形となる。すべての情報が提示され、全員の意見が反映されなければならない。また同僚のエラーを予知、発見した場合や気がかりなことを発見した場合には、皆が率直に指摘し合えるようにすることも必要である。

そのためには

- 平素から指摘しやすい環境を整えておく
- 遠慮することなく口に出すことを習慣付ける
- エラーを指摘されたら、素直に受け入れ、修正すること
- 指摘された者は、「ありがとう」の一言を付け加える
- エラー回復のために、皆が協力する
- 皆が回復の評価を行う

② チームとしての意思決定

チームとしての意思決定プロセスには、時間的な余裕が必要である。そのために、リーダーは時間のファクターを考えて全員をリードしていかなければならない。

チームとして

- 状況を把握し
- 全員のプランを総合的に判断し
- 総合プランを立て
- 決定したことを全員に徹底し
- 計画を実行に移し
- その結果をモニターし
- 必要なら最初の計画を修正する

といった情報処理を行うことによって、チーム全体の総合能力を高めることができる。

一つの結論に至ったならば、チーム全員がこれを同じように理解した上で行動しなければならない。ゴールとして同じものを思い描いていても、実現する方法が各々バラバラであれば、チームとして効果的な行動はとれない。

③　振り返り（レビュー）

決定されたことを実行する段階に入っても、互いにフィードバックを与え合い、その決定が最も望ましいものであるかどうか省みながら、もし他により良い選択肢がありそうならば、検討した上で決定そのものを変更することも必要である。

ただし、仕事の上での問題は一定の時間内に処理しなければならないことがほとんどであり、よく話し合ったとしても、決定すべきタイミングを逃してしまったら効果的なチーム行動とは言えない。そこで、話し合うための時間がない場合であっても、行動した後に必ずレビューするステップを踏むことが、TRMの重要な要素である。

（5）作業負荷管理のスキル

作業負荷の管理とは、過重な負荷によるヒューマンエラーを避けるために、仕事の様々な局面において発生する作業負荷の増加を効果的に取り扱うことである。常に状況に応じた適切な作業負荷の管理が不可欠であり、作業負荷が集中することにより、チームとして、安全性や効率が下がることのないように注意しつつ、確実に作業をこなすべきである。

多くの業務があるにもかかわらず時間的余裕がない状況下では、業務の重要度や時間的制約を考慮しながら優先順位を定め、指示又は行動を取る必要がある。

①　優先順位付け
- 物事の重要度を見極める
- 「今、自分は（あなたは）本当にそれをしなければならないのか」という自問自答を試みる
- 優先順位を明確に伝え合う

②　業務の割り振り
- 適切なワークロードは注意散漫を防止する
- メンバーの一人に業務が集中しないように気を配る
- オーバーロードの状態を認識したら、はっきりと伝えさせる
- 自分のオーバーロードに気をつける

③　個人とチームのストレス管理
- ストレスレベルを適度に保つ
- メンバーのストレスに気づく
- 無意識に相手にストレスを与えているかもしれないことに注意する
- 自分の集中力の限界を知る

TRM 訓練は、その業務の特徴などを考慮して最も効率的なスキルを組み合わせてコースを構築することが望ましい。またTRM 訓練コースを作成するに当たっては、TRM（CRM）訓練に関する知識を持つ人物を中心として、業態にあわせた訓練コースを設計する必要がある。

7.3　レジリエンスエンジニアリング

レジリエンスというのはシステムが大きな外乱によって通常時の活動を維持できない場合に、性能は低下させても動作を維持でき、破局的な状態を回避できる能力のことを言う。そして状況が回復したら速やかに元の状態又はそれに準ずる状態に復旧できる能力を高めることによって、高いレベルの安全を実現しようという方法論をレジリエンスエンジニアリングと呼ぶ。

7.3.1　レジリエンスとは

ホルナゲルの著書「Safety-Ⅱの実践」によれば、レジリエンスという語が19世紀の初めに英海軍によって使い始められたときは、何種類かの木が、突然の

過酷な荷重に折れることなく受け止めることができることを説明するために用いられた。その後20世紀の半ば頃に、生態学で「安定性とレジリエンス」という二つの異なる特性で生態系を説明できるとし、レジリエンスは「変化を吸収するシステムの能力」を意味するとされた。1970年代初めに、子供に関する心理学研究の中でストレス抵抗性の同意語として「精神的外傷を与えるような状況に耐える人間の能力」の記述としてレジリエンスという語が用いられ始めた。さらに、20世紀の終わりにかけてレジリエンスはビジネス界によって「ビジネスモデルや戦略を環境の変化に応じて動的に再構成する能力」を言い表すために取り上げられた。

そして21世紀に入って、レジリエンスがレジリエンスエンジニアリングとして産業安全の分野に導入された。導入の当初は人間の持っている能力として捉えられていた。しかし現在では企業などの組織が存在し続けるためには、何かが起きたときに反応するだけではなく、何かが起きる前に行動しなければならない、危険に直面したときに自身を守ろうとするだけではなく、可能性のあるあらゆる方法で生き残りを図らなければならない、そして成長することが可能な好機に直面した際にはそれを逃さないように行動しなければならない。そのために組織に必要な能力をレジリエンスパフォーマンスと呼んでいる。レジリエンスというのは組織が想定内、想定外いずれの条件下においても機能を継続できる能力、あるいは物事の起こる前、起こっている最中、起こった後それぞれに発揮されるパフォーマンスと定義される。それは組織を構成する個人の持っている能力が重要であるが、レジリエンスエンジニアリングが目指すのは組織が持っているレジリエントなパフォーマンスを高めることである。

7.3.2　レジリエンスの評価

レジリエンスは組織が有している何かというよりは、むしろ組織が行う特徴的なやり方、つまり何をどのように行うのかを指している。つまり組織がどのように注意深く物事を行うかを意味しているのである。したがってレジリエンスを直接的に評価したり測定したりマネジメントしようとすることはできない。

しかし組織が実際に発揮するパフォーマンスは、その組織が持っているパフォーマンスのポテンシャルに依存する。したがって、レジリエンスポテンシャルを評価・構築することは意味がある。

現在のレジリエンスの定義によれば、パフォーマンスを条件に合わせて調整できる能力、変化・外乱・好機に対処する能力、それを柔軟かつ適切な時期に行う能力が必要とされる。これには次の四つが必要である。

① 対処するポテンシャル：何をすべきか知っていること。一般的及び例外的な変化・外乱・好機に対してあらかじめ準備した行動を行えること。又は新たな方策を考え出し創造することにより対処できること。

② 監視するポテンシャル：何を見るべきかを知っていること。近い将来に組織のパフォーマンスに良い意味又は悪い意味で影響を与える可能性のあることを監視することができること。

③ 学習するポテンシャル：何が起こっているかを知っていること。経験から学ぶことができ、特に適切な事例から適切な教訓を学べること。

④ 予見するポテンシャル：何を予見すべきかを知っていること。未来に向かう事態の進展の様相、例えば潜在的な混乱の可能性、新たな要求や制約の発生、新たな好機の到来、操作条件の変化などを予見できること。

このように、組織の危機対応能力の評価としてこれらのポテンシャルが高く維持されていることが、組織に求められるレジリエンスであると考えられる。

7.4　一人作業について

ほとんどの業務や作業は何人かのチームで行われる。そのために前項ではCRM/TRMのような訓練方式を述べたが、場合によっては一人作業ということもありうる。その場合ヒューマンエラーの発生を抑え、たとえ発生したとしてもそれを是正して事故に結びつけないようにする手段はないのだろうか。

航空界では、パイロットが一人で操縦する場合のリスクマネジメントの手法が開発され、その訓練も実施され始めている。この考え方は一般の一人作業にも有効と思われるので、ここに紹介する。

7.4.1　一人運航マネジメント（SRM：Single-pilot Resource Management）

(1) SRMの概要

SRMとは、航空機を一人で操縦するような環境特性、リソースを活用する上での影響、心理的特性等を考慮して、CRMの内容を補足したものと考えられる。

なお「一人運航」による運航とは、二人乗務であっても、相互の手順が確立されていない状態で運航する場合のことをいう。

(2) SRMの必要性

図7-3に見るとおり、1974年から2015年における日本国内での航空事故の85%は小型航空機によって発生している。これらの多くはSingle-Pilotによる運航と思われる。また、全米ビジネス航空協会の資料では二人運航に比し一人運航による事故率は約1.6倍、多発機による事故の80%は一人運航で発生している。

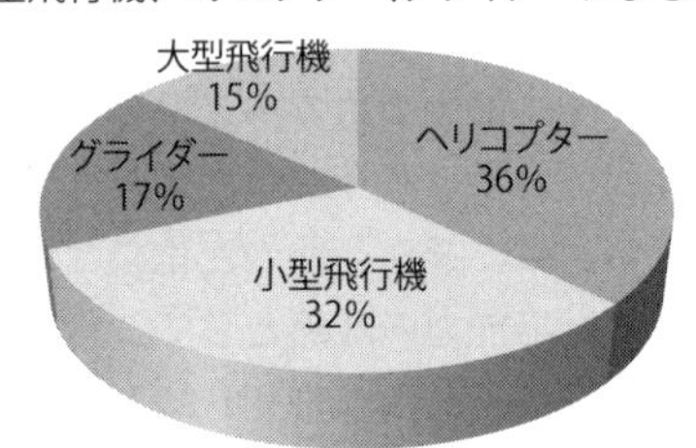

図7-3　航空事故の機種別分類
(平成28年度操縦技能審査員定期講習資料一部抜粋)

このようにSingle-Pilotによる運航が多い小型航空機による事故の発生率が高いことから、アメリカ連邦航空局(FAA)がSRMの訓練プログラムを策定した。

(3) SRMの基本的な考え方

一人乗務による運航に対しても、図7-4のように体調に関する家族からの援助、先輩・同僚、管制・気象機関、整備士・運航管理者等からの助言、チェックリスト、計器等からのリソースを有効活用してヒューマンエラーの発生を少なくし、また発生したエラーに対する被害の最小化を図ることとしている。

図 7-4　一人乗務の運航に関連する要素

7.4.2　SRM のスキル

SRM の代表的なスキルとして、図 7-5 に示すように六つのスキルがある。

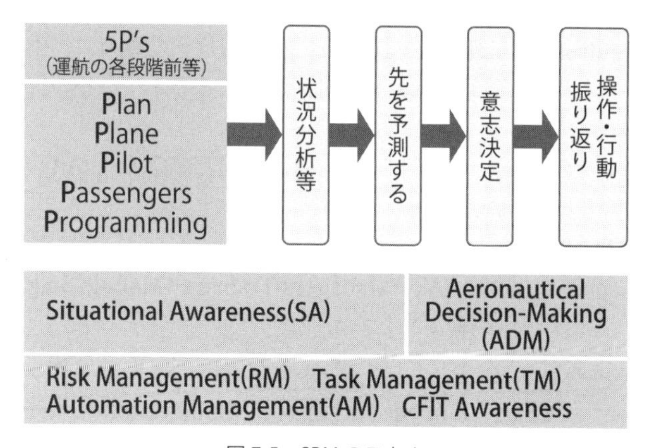

図 7-5　SRM のスキル

（1）状況認識のスキル（SA）

五つのPに関して状況認識を維持するためのチェックリストがある。

（2）意思決定のスキル（ADM）

図7-5のように、五つのPに関しての情報を収集して分析し、先を予測して意思決定する。

（3）リスク管理のスキル（RM）

リスクを発見する、リスクを評価する、行動を見直すなどのチェックリストを活用する。

（4）業務管理のスキル（TM）

自動操縦を適切に利用する、同乗者の能力に応じて援助を求める、仕事の優先順位を間違えないようにする。

（5）自動システムの管理スキル（AM）

例えば手動操縦か、自動操縦か、自動操縦ならば、どのモードを使用しているか等を常に把握する。機器に入力するときは必ず声に出してモードを確認する。

（6）CFIT回避スキル

CFIT（Controlled Flight Into Terrain：航空機は正常なのに、山などの障害物に衝突すること）に対しては、常に油断することなく、自分の行動を見つめなおす意識の保持が重要である。

なお、個々のチェックリストについては、米連邦航空局（FAA）が発行している次の資料を見ていただきたい。

- Pilot's Handbook of Aeronautical Knowledge（FAA-H-8083-25B）
- FAA Inspectors and FAAST Managers Training（Module 3-SRM）

7.5　スレット アンド エラー マネジメント（TEM：Threat and Error Management）

第3章3.6.2に挙げたスレット（Threat）への対処の方策であるスレットアンドエラーマネジメント（TEM）について説明する。ここでは、スレットをヒューマンエラーを誘発する要因と考え、その対策としてのTEMは、極めて汎用性の高い「現場の人がヒューマンエラーやその悪影響を抑止しつつ仕事をするためのツール」である。

7.5.1 TEMの概念

(1) TEM

TEMは、「ヒューマンエラー」及びその前段階にある「スレット」への対処の方策である。

もともとTEMは、テキサス大学が米連邦航空局の基金を得て始めたCRMの評価に関する研究の副産物として開発された。航空機乗組員の行動を分析すると、そのエラーへの取り組みには、発生したエラーそのものへの対応のみではなく、エラーが発生する以前に行われ、結果としてエラーを発生させないことに役立つ行動が多数含まれていた。

この分析をもとに組み立てられたものが、TEMである。元は航空機乗組員を対象としたものだったが、そこには様々な職種の現場に適用し得る汎用性が認められる。今日、TEMは「様々な現場において作業者がヒューマンエラーを減らし、その悪影響を抑止しつつ仕事をするためのツール」となっている。

(2) TEMの特徴

従来のエラー対策は、既に発生してしまったエラーへの対処を考えるものであり、いわば「過去をマネジメント」する後戻りの行動だった。一方のTEMは、これから起こるかもしれないエラーへの対処を先取りして実施するものであり、「未来をマネジメント」する前向きな攻めの行動と考えられる。

(3) スレットの定義

エラー発生の前段階には、「スレット」が存在することが多い。スレットへの対処が適切でないとエラーが発生し、安全を維持するための余裕が減少する。

TEMにおいてスレットとは、エラーの前段階にある「エラーの兆しのようなもの」を意味する。航空におけるTEMでは、スレットを「当事者が関与しない部分で発生した状況、出来事、エラーなどで、航空機の運航を複雑にしてしまう要因」と定義している。

ここでは、一般的に「エラーを誘発したり、エラーが発生する確率が増す要素」と定義する。

例えば、混同しやすいスイッチ等が隣に並んだ状態や紛らわしい名称の物品を扱うことは、エラーを誘発するスレットである。

床が油等の液体で濡れ、ツルツル滑りやすい状態は、エラーを誘発する要因であり、スレットである。また、薄暗さや騒音、焦りや睡眠不足は、エラーを誘発する要因を助長してさらにエラーの発生確率を高める働きがあり、これらもスレットである。

スレットにはどのようなものがあるかについては、M-SHELモデルで考えるとさらに全体像がわかる。

M-SHELモデルに示されるM、S、H、E、周囲のL及び中心のLそれぞれがスレットになり得る。スレットはあらゆるところに無数に存在する危険の種である。

このスレットという概念は、作業者の警戒心を喚起し、対策を生み、エラーの未然防止につながる。

なお、航空分野のTEMにおいては、スレットを「当事者が関与しない部分で発生した状況、出来事、エラーなどで、航空機の運航を複雑にしてしまう要因」と定義している。実は、この定義には焦りなど本人の内側にあるもの（内部スレット）は含まれていない。内部スレットは、他者から観察できないので自己申告がない限り取り扱っておらず、悪天候や機材故障、航空管制との不適切なコミュニケーション、他者のエラーなどの外部スレットをTEMの主な対象としていることを付記しておく。

しかしながら、一般の産業分野においては、焦りなどの内部スレットへの対処を明確に意識づける必要性が依然として高いことから、本書においてはTEMの対象を外部スレットに絞り込んではいない。

7.5.2　TEMの四つのマネジメント

次にTEMとは何を行うものなのかについて述べる。

(1) TEMの視点での事故の構造

図7-6は、TEMの視点での事故の構造を図式化したものである。最上部は、作業者にかかわる様々な「スレット」であり、「スレット」への適切な対処に失敗すると「エラー」が発生し、さらに対処に失敗すると「事故一歩手前の状態」に陥り、さらにそこで踏みとどまることができないと、ついには事故に至るという構造である。先に例示した「床が油等の液体で濡れ、ツルツル滑りやすい状態」などのように、エラーを通り越して即「事故一歩手前の状態」に直

結するスレットもある。

事故はエラーの連鎖により発生し、事故の前段階として一歩手前の状態を経ることが多い。「事故一歩手前の状態」とは、いわば崖淵で、いつ事故に向かって転がり落ちても仕方がない状態を示す。

そこからのわずかな環境変化やエラーの一押しで崖を転がり始めるかもしれない。「事故一歩手前の状態」ならば、「あっ、これは危ない」と気づく瞬間があるはずである。そのときなら、誰かが躊躇なく「危険だ」と声を上げれば、その状態から脱出することができる。

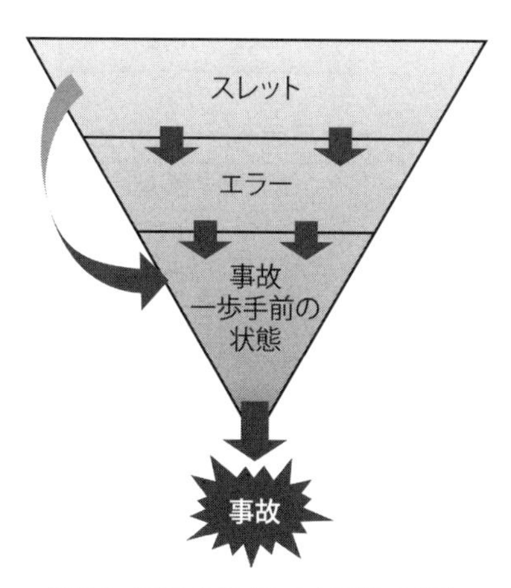

図 7-6　TEM の視点による事故の構造

(2) TEM の四つのマネジメントとその特徴

事故を防止するためには、「スレット」、「エラー」、「事故一歩手前の状態」それぞれへの対処が必要となる。では、TEM のマネジメントはそれぞれに対応した三つなのかというと、実は「エラー」に対するものが 2 種類あり、計四つのマネジメントが必要となる。図 7-7 に、TEM の四つのマネジメントを示す。

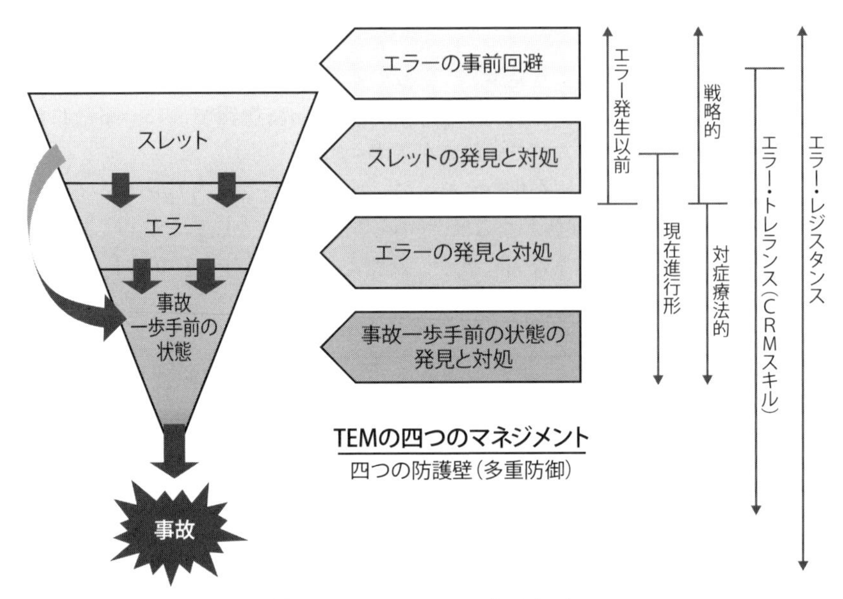

図 7-7　TEM の四つのマネジメント

時系列的に最も初期に行われるのが、「エラーの事前回避」である。これは「スレット」の有無にかかわらず行われ、「スレットの発見と対処」とともにエラー発生以前の対処行動となる。

一方、「エラーの発見と対処」、「事故一歩手前の状態の発見と対処」は、事前には行われず「現在進行形」の対処行動となる。「スレットの発見と対処」は、作業開始前に始まっているが、作業の実行中に新たに発見されるスレットもまた少なくないため、これも一部は「現在進行形」での対処行動となる。

次に対処の発想法に着目すると、エラー発生以後の対処は「対症療法的」にならざるを得ないが、エラー発生以前は「戦略的」な対処法を発想できる。すなわち、強点や弱点にリソースを重点配分する方法があるし、逆に「手段は一つだけではない」という発想も使える。場合によってはエラーを招きかねない作業そのものをやめることも考えられる。

次に、これらのマネジメントを実行するためのツールとしての着目である。TEM を実行するためのツールの大部分は CRM 等のリソースマネジメントスキルで、すなわちエラートレラントな対処であると言える。しかし、厳密に考慮すればTEM の実行には「エラーレジスタンス」の対策も必要なことがあり、特に「エラーの事前回避」においては「エラーレジスタンス」そのものである。

TEMの四つのマネジメントは、第3章に述べたJ.リーズンのスイスチーズモデルにおける「防護壁」にあたる。人間の行いである以上、そこには欠陥が必ず潜んでおり、あたかもスイスチーズのように穴が開いているわけである。したがって、TEMのマネジメントは四つの「防護壁」による「多重防護」と見ることができる。

7.5.3 TEMの実践法

TEMの実践ツールはCRMスキルである。TEMの四つのマネジメントの細部ステップの説明とそれに対応するCRMスキルの発揮例を紹介する。

(1) エラーの事前回避

特定のスレットに備えるのではなく、広くエラー一般を起こりづらくする活動を行う。

① エラーレジスタンスにかかわる行動例

- 規則、マニュアル類の整備
- ハードウエアの改善と信頼性向上
- 作業環境の整備
- 事前学習、事前準備

② リソースマネージメントスキルの発揮例

- 報告、連絡、相談の活性化
- 何でも言い合える風通しの良い雰囲気の醸成
- ブリーフィングの充実

(2) スレットの発見と対処

作業開始前にスレットを見積り、備えるとともに、作業中にスレットを発見したら、その影響を評価し、対処する行動である。

① 細部ステップ

- 見つける
- 避ける（排除可能なスレットは排除する又は行動を変え回避する）
- 耐える（回避できないスレットに対しては、それに耐え、エラーを発生させない態勢をとる）

② リソースマネージメントスキルの発揮例

- スレットの事前予測による危険感受性の向上（作業の目的や性質、環境

条件、作業者の心理的及び身体的状況を考慮した危険予知と腹案形成［作業者のメンタルモデルの形成］）
- 作業のモニター（メンタルモデルを活用したスレットの発見、努めて客観的な観察の併用）
- 行動しようとしていることを声に出す（他者をエラーの抑止に活用）
- 気づいたら声に出す（状況認識の共有）
- 機会を捉えた打合せ（発見したスレットへの対処について話し合い、発生しがちなエラーについて全員が認識する）

(3) エラーの発見と対処

自分や他者のエラーに気づいたら、その影響を局限する行動である。

①　細部ステップ
- 見つける（自分で気づく、検出する）
- 局限する（エラーを修正するとともに、その影響を局限する）

②　リソースマネージメントスキルの発揮例
- リソースの配分（チームとして作業のモニター、個人として注意力の配分）
- 行動直後に振り返る習慣（作業の節目で行動の結果とその影響を注視しエラーを探す）
- 気づいたら声に出し修正する、あるいは周囲の協力を求め対処する。（状況認識を共有し直ちに修正する）

(4) 事故一歩手前の状態の発見と対処

安全余裕が残り少ないことに気づいた者が直ちに警報を発するとともに、事故一歩手前の状態にいる者のみならず周りの者全員で対処する行動である。

①　細部ステップ
- 警報する
- 脱出する（事故一歩手前の状態にいる者は直ちにその状況からの脱出を開始するとともに、周りの者は積極的な補佐、援助行動をとる）

②　リソースマネージメントスキルの発揮例
- 安全への主張（警報し脱出を求める）
- 納得がいくまで主張（危険認識が伝わりにくいときは、言葉を変え何度でも警告）
- リソースの活用（危険認識を共有し周囲の助力を求めチームで対応す

る）

- 優先順位付け（事故一歩手前の状態から脱出することを最優先とする）
- リーダーシップ／フォロワーシップの発揮（リーダーは冷静に強いリーダーシップを発揮し、メンバーは自発的な補佐・援助行動をとる）

7.5.4　スレットの絞り込み

(1) 広すぎるスレット

現場の慌ただしさの中では、スレットをあまりにも広く捉えすぎても、TEMはうまく機能しない。例えば、「悪天候」というスレットは、様々なエラーや事故一歩手前の状態を招くものであるが、あまりに広範な影響があるゆえに様々なケースを検討していくには時間がいくらあっても足りない。その結果、検討が表面的となり、対策案を含めた具体的な話には結びつかないことがある。「気づき・気がかりなこと等に気をつけよう」というような一般論、スローガン的な理解で終わるTEMは、時間の無駄と言える。もっと個別具体的な悪天候の影響をスレットと考えた方が良い。

例えば航空機が積乱雲を進行方向に発見したということがスレットである。ならば「避けていこう」とか、「揺れた場合の対策（ベルト・サイン）を考えよう」という具体的な対処行動を考えることができる。

一般の作業の場合で言えば、「この作業のこのタイミングのときに、雨で濡れれば、手が滑る」、「…の時に風が吹けば、…が煽られ、…が落ちる」、「雪が降っているので、足元が滑るし、しかも視界が遮られ信号が見えない」などということがスレットとなる。スレットをこのように絞り込み、「手が滑らないための対策はこうだ」、「手すりを持って作業しよう」、「このタイミングで…をアシストしよう」という具体的対処に結びつけていく。作業者にそのようなメンタルモデルが喚起されてこそ、TEMは効力を発揮するのである。

(2) ヒヤリハットでの絞り込み

作業者に具体的なスレットへ気づいてもらうためには、その組織のヒヤリハットや安全報告制度等の利用が有効である。そのためにはヒヤリハット等を収集・分析し、そこに存在するスレットをあらかじめ作業者に教育・訓練しておく。それにより、作業者のスレットへの関心はより具体的なものとなり、実際に生起したときの感受性が高まる。実際の現場において、作業者は具体的なスレットを意識し、発見するようになり、エラーを未然に防止することができるようになる。

7.6　コーチング

企業において社員は最も価値ある経営資源であり、その資源を生かす、つまり社員のやる気、元気を引き出すことがリーダーに求められている。そしてやる気を引き出された社員は自主的に活き活きと動き出す。やる気が上がり意識が上がると、ヒューマンエラーも少なくなる。人間の無限の可能性を信じ、一人一人の多様な持ち味と成長を認め、適材適所の業務・目標を任せることによって社員のやる気を引き出す手法、それがコーチングである。すなわち持続的に発展する経営を実現するための手段の一つと考えられる。

7.6.1　コーチングの流れ

コーチングには図7-8に示す流れがある。

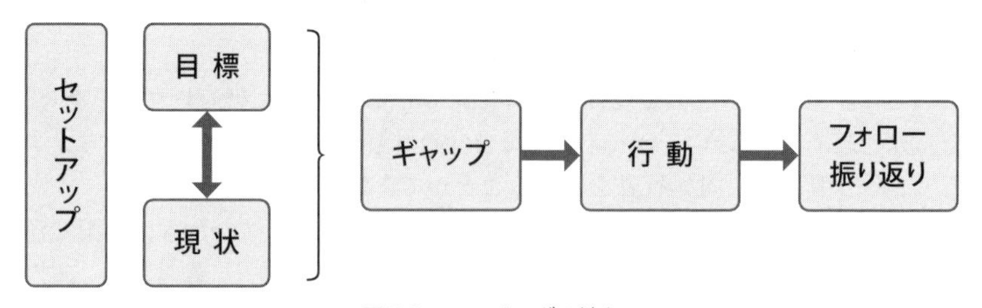

図7-8　コーチングの流れ

(1) セットアップ

まずコーチと受講者の信頼関係を確立する。信頼がないと本音で話さないので、コーチングは成立しない。普段から信頼関係を醸成しておく。

(2) 目的・目標の共有

次に組織の目的を達成するための目標を決める。それが達成できたときの結果がはっきりとイメージできるような目標が望ましい。そして経営者及び全社員が心を一つにして目標に向かって行動することが成果に結びつく。

(3) 現状の把握

すべての問題解決や、改革、創造は現状認識をはっきりさせることから始まる。しかも、その中で最初のエネルギー源になるのは、「このままではまずい」

という危機感を持った「気づき」である。

(4) ギャップの分析（現状と目標状態との距離）

目標と現状とは必ずしも一致しない。その差（ギャップ）の解決が重要である。現状と目標が明確化されると、次はその差（ギャップ）の原因を分析することが重要である。目標（何を、いつまでに、どこで、誰と、どのように、するか）が具体的になり、そして現状の問題点がはっきりすれば、そのギャップは明確になる。そしてそのあと行動を決める。

(5) 行動プラン（スモールステップの原理と達成時の即時強化）

ギャップ解消のためには行動計画が必要である。

人間は大きな変化に対しては心理的抵抗が大きくなることが多いので、実行しやすい小さなステップでプランを立てることが望ましい。

小さなステップで成功し評価されると、やる気が上がり、次に進みやすい。

(6) フォローと振り返り

コーチは一瞬盛り上げて終わるのではなく、しばらく間を置いて相手とコンタクトし、進捗状態を確かめる（フォロー）。もし行動が起きなかったのであれば、何が行動の妨げになったのかをはっきりさせ、続いて新たな行動を相手の主導で選択し、その行動へ向かわせる。

7.6.2　コーチングの構成

コーチングのベースはコミュニケーションの技術である。コミュニケーションの基本スキルが身についていないのに、コーチングスキルだけが存在することはあり得ない。しかしそのスキルの土台として根本的な「ものの見方、考え方」がある。

コーチングを実施する場合には、次のような認識が必要である。

① 人は誰でも未開発の可能性を持っている。

② 「企業は人なり」人の差こそ企業価値の差を生み出すすべての源泉である。

③ 人が必要とする答えは、その人の中にある。(気づきが重要)

④ リーダーの仕事は顧客満足（CS）とともに従業員満足（ES）である。

⑤「メンバーのなにが問題か」ではなく、メンバーの各人に「自分はなにができるか」を考えさせることが重要である。

7.6.3　コーチングの代表的スキル

代表的なコーチングスキルとしては次の三つがある。

- 傾聴のスキル
- 承認のスキル
- 質問のスキル

(1) 傾聴

コーチが通常何をしているかと言うと、まず「相手の話を聴く」ことである。

ここで気をつけたいことは「こちらが聴きたいことを聴く」のではなく「相手の話したいことを聴く」ということである。相手が言っていることを否定しないでじっくり聴く。「聴く」というのは、「あなたの話は、聴くに値する重要な話だと思っている。私はあなたの存在を大切だと思っている」というメッセージを送る行為である。

(2) 承認

相手を肯定的に認めること。相手に表れている違いや変化、成長や成果にいち早く気づき、それを言葉にして相手に伝えること、これが承認である。承認の3種を表7-1に示す。

表7-1　承認の仕方（承認の3種）

承認の仕方	内　容
存在承認	相手の存在を肯定的に認める
行動承認	行動したことを認める
結果承認	何かしたこと、結果を出したことを認める

(3) 質問

質問することは「あなたの考えを聞かせてほしい」というメッセージを相手に伝える行為である。それはとりもなおさず「私はあなたを認めています」という姿勢を表すことであり、相手に対する承認の表明である。すなわち、質問する前に「私はあなたの立場を十分理解しています」「あなたはきっと私の必要とする情報をお持ちと思います」といった承認の関係を作っておけば、相手は心を開いてくれるはずである。

コーチングは未来志向型・能力開発型アプローチである。過去に向かって原因を追究するのでなく、未来に向かって、今できることを探す技術を志向している。

第８章　安全と品質管理

「安全」に対する社会的問題は、従来のように事故が発生すると多額の経済損失や多数の犠牲者を伴うという事後の処置の問題だけではなく、「安全が損なわれる可能性」についても、社会が大きく反応するようになってきた。すなわち、組織が持っている安全設定基準と、社会が有する安全評価価値とが合致しない点に大きな不安や疑念が持たれるようになってきたのである。そしてもはや安全を超越して、「安心」への希求度が高まってきていることが昨今の社会的反応に現れてきている。

安全を追求するためには、品質を無視することはできない。

8.1　安全への希求とヒューマンファクター

人間が行動する限り、常に危険が伴っている。その危険から職員や製品を防護し、生産性を上げ、品質を向上させるために、これまでは多くの装置や機器の開発や改善がなされてきた。しかし、これらの装置や機器が、いつも完全にその性能を発揮できるわけではなく、時には故障し老朽化もする。最近の事故や災害の多くは、装置や機材といった工学・技術上の問題が原因ではなく、組織やそのリーダー、そこで働く「人間」が大きく関与しているのが特徴である。

また一般社会においては、産業構造が大きな曲がり角にきている現在、これからの安全のメカニズムは、戦後半世紀以上にわたる従来の延長線上で考えるのではなく、新しい発想が必要で、安全や運用の原点となる人間を取り巻くシステムの問題に真剣に取り組む必要がある。

器用で、勤勉で、忠実で、改善の意欲が高いのは日本人の特性である。日本の産業安全の発達史を振り返ると、組織は個人の自発性に強く依存して、どちらかと言うと、精神主義的指導とハードウエア中心の発想が主体となって、ヒューマンファクターの問題を真剣に考えることをないがしろにしてきた傾向が見受けられる。

装置や機器を運用し、組織の目標や任務を達成するのはすべて人間である。安全管理の主眼点は、もはや工学・技術に置くのではなく、人間に置かなければならない。そして人間が事故防止の最後の砦であるならば、人間がいかなる生き物なのか、ということを理解せずして、効果ある安全対策が立てられるわけがない。技術中心から人間中心のシステム設計、安全管理へとシフトしなければならない。20 世紀は確かに技術を科学し、繁栄を成し遂げた時代であった。そして 21 世紀はそれを用いる人間を新たな観点から哲学する時代になった。

多くの事故で、その直接的な原因の大半が人間に起因しているとされる一方で、事故になった作業以外の作業は人間が関与することにより、着実に生産に寄与してきたことも事実である。それらを詳細に追究し、事故を防止する方法を導き出すためには、ヒューマンファクターの本質を理解し、研究することが必要であることは明らかである。

かつて、ヒューマンファクターの研究成果が発表された当初、米国の航空界においては「ヒューマンファクターは怠け者の言い訳」と言われた時代があった。わが国においても同様の傾向が見受けられた。これはまさにヒューマンファクターの本質を理解していない発言であり、その時代においては、大事故が続発し、繰り返し型事故が頻発した。ヒューマンファクターの研究は、稀に発生する人間のマイナス面をプラス面に転換させる術を必ずや与えてくれるに違いない。また、働く人間が安全で健康に明るく生きていく道標を示してくれる。

8.1.1 安全に対する社会的価値観の変遷

近年、技術立国日本の技術の信頼性が疑われるような、信じられない事故や事件が散見されるようになり、社会安全性が危ぶまれてきている。20 世紀末には、諸外国においても科学技術システムの重大な事故や不祥事が頻発し、技術者倫理はもちろん、企業の社会的存在意義や価値、その安全哲学が改めて問われるようになった。

最近の事故や事件は社会で安寧に暮らすための人間の安全、すなわちパブリックセーフティーという見地が著しく無視されている。21 世紀に入り、古くて新しい「倫理」という言葉がよく聞かれるが、もはや倫理という言葉を借りなければ説明がつかなくなってきていると言える。近年、わが国における安全に対する社会的問題は、従来の安全技術の問題、いわゆる「技術の知」や、組織の持っている安全に対する考え方と、社会が持っている安全評価基準とが合致しない点などに、大きな不安や疑念が持たれるようになってきている。

また、発生した事故に対応するため、組織全体としていかに迅速に臨機応変に、しかも的確に事態を把握し、いかに処理したかという安全管理に関する基本的スタンス、視点、知識、つまり「安全の知」あるいは「安全の文化」が厳しく評価されるようになってきた。このような点において、安全に対する考え方は従来から大きく変わってきていると言える。

社会の評価は、社会的安心の次元へとシフトしていることに気づかなければならない。昨今では、安全の確保は当然のこととして捉え、物の高度な技術的・物理特性に加え、物などに対して人の抱く、その心理面、特に安心感や十分に信頼感を寄せることができるという付加価値を担保できるかが組織の勝負どころとなっている。

また、組織のコンプライアンスとは、今や単なる法令遵守の枠内にとどまらず、社会の論理や要求に合致させることも包含すると考えるべきである。いずれにせよ、企業や組織が社会とともに存在する以上、組織に所属する者は安全に対する社会的価値観の変化に敏感でなくてはならない。

8.1.2　事故予防、安全・安心に対する行政の動き

安全に対する社会的価値観の変化に即応すべく、行政の動きも近年多々見受けられる。技術立国を標榜するわが国を震撼とさせた1999年1月に発生した横浜市大付属病院における患者取り違え事故に始まり、原子力ウラン加工施設事故に至る一連の事故を受け、1999年10月に設置された「事故災害防止安全対策会議」は、緊急性を勘案し同年12月に報告書を取りまとめた。

その骨子は次の5項目である。

① 安全文化の創造
② 安全に関する学校教育の改善
③ 安全意識の徹底と教育
④ 安全へのシステムアプローチ
⑤ 技術者の倫理の確立

ここでの主要論点は「安全文化の創造」と「ヒューマンファクターに関する調査研究などの科学的アプローチ」であり、事故災害に関しては「再発防止を図るための徹底した原因究明と事業者などの責任の明確化」である。

これを受けて各省庁が具体的な方策を打ち出した。

2003年10月総務省消防庁（消防法所管）、厚生労働省（労働安全衛生法所管）及び経済産業省（高圧ガス保安法・火薬類取締法等所管）の3省庁は、わが国を代表する企業で多発している爆発火災等の重大災害の再発防止を図るため「産業事故災害防止対策推進関係省庁会議」を発足させた。この取りまとめによれば、各業界団体及び各企業が取り組むべき事項として「経営トップの安

全確保にかかわる責務の明確化」と「安全確保に必要な体制整備」の２点を挙げている。

2006年２月、経済産業省に企業の不祥事防止等を図る目的で設置された「企業行動の開示・評価に関する研究会」は、中間報告を取りまとめ、コーポレートガバナンス及びリスクマネジメント、内部統制にかかわる七つの指針を発表した。

2006年３月、国土交通省関連では、航空法、同じく10月に船舶運航事業関係法、鉄道事業法及び自動車運送事業関係法を改正し、運輸安全マネジメントとして、全社的な安全管理規程を定めるとともに安全統括管理者を選任するなど、輸送関連事業者の安全確保に関する責任ある管理体制の構築を求めている。ここで特筆すべきは、国は安全統括管理者に対する解任命令権を留保するとともに、このマネジメント評価の一環として、経営トップに対しても安全監査の対象としていることである。

2007年５月、経済産業省はガス瞬間湯沸器による一酸化炭素中毒事故に関連してガス事業法など関連省令を改正し、国民生活のさらなる安全確保を目指して改正消費生活用製品安全法を施行した。これは国がメーカーや輸入業者に、安全でない製品の製造や輸入を禁止したり、回収を命じたりすることができることに加え、重大な製品事故が発生した場合、メーカーや輸入業者の国への報告を義務付け、国は事故情報を収集・分析しその結果を広く国民に公表して関連事故の未然防止を図ることを目的としている。

2007年当時の福田総理大臣は11月の国民生活審議会において次のように発言している。

「これまでの政府のやり方は生産第一の視点から行われてきたために、国民生活の安全・安心の確保という視点が政策立案の中心に置かれていなかった。そのような中で、近年耐震偽装問題、食品の不正表示など国民生活に不安を感じさせる事件が数多く発生している。私も先般国民生活センターを訪問し、商品テスト施設等を視察したが、やはり何でもないところに危険があるということを改めて感じた。」

さらに、11月の閣僚懇談会において、次の２点を強調して述べた。

①　国民が日々安心して暮らせるようにするため、有識者の意見も参考にしながら、国民生活の基本である「食べる」「働く」「作る」「守る」「暮らす」の五つの分野について、法律、制度、事業等幅広く行政のあり方の総点検を実施する。

②　この総点検とあわせて国民生活の安心を確保する上で必要な緊急に講ず

る具体的な施策について、各大臣が指導力を発揮して現場感覚をもって政策の検討を行い、年内を目途に取りまとめを行う。

これを受けて政府は消費者・生活者の視点から安心できる生活環境の実現を目指すプロジェクト「安心生活プロジェクト」を立ち上げ、上述①の五つの分野について、「安心で質の高い暮らしに向けた総点検」を始めた。

2009 年 9 月には国民、消費者目線に立脚した消費者安全法が制定され、同時に消費者庁が設置されるに至った。消費者安全法は、事業者に対する消費者の苦情にかかわる相談等に事務を行う施設などの設置義務を都道府県に課し、市町村に設置の努力義務を課している。この施設は消費生活センターと呼ばれている。

2010 年 1 月に消費者ホットラインが全国で開始された。

その後、麻生政権下の同年 4 月には、安全・安心な社会づくりを目指して安全社会実現会議が開かれた。

事故調査は、消費者庁安全調査委員会の中の事故調査部会が担当する。事故調査部会は、事故の内容によって、あらかじめ指名されている委員の中から適切な委員を指名して構成する。

8.2　品質向上とヒューマンファクター

企業経営で「安全」以外に重要視されるものに、「品質（Quality）」、「価格（Cost）」、「納期（Delivery）」がある。中でも「品質（Quality）」が最重要であり、「品質」が良くないと製品が売れず、企業経営が悪化する。

「品質」を良くするためには「品質管理（Quality Management）」が不可欠である。品質管理を図ることにより顧客の満足と信頼を得るための技術力を高めるとともに、品質を保証した存在価値のある企業の創成が重視される。

8.2.1　品質とは

(1) 品質（Quality）の定義

①　ISO9000：2005 による品質の定義

「本来備わっている特性の集まりが要求事項を満たす度合い」である。特性とは、「そのものを識別するための性質」、要求事項とは、「明示されている通常暗黙のうちに了解されている、又は義務として要求されているニーズ又は期待」のことである。

②　JIS Z 8101:1981（品質管理用語）による定義

「品物又はサービスが、使用目的を満たしているかどうかを決定するための評価の対象となる固有の性質・性能の全体」 すなわち、品物やサービスの顧客からの要求事項や、ニーズに合っているかを決める特性で、商品のカタログや仕様書などの項目を含み、工程などの品質では、「不良項目」、「製造条件」などを示す。

(2) 品質の種類分け

製品の品質を保ち、さらに向上するための管理は、どこで扱われているか分類して扱うことが効率的である。そのためには以下の分類がある。

① 企画の品質
　顧客（消費者）のニーズを反映した製品の品質

② 設計における品質
　製品の設計において、「製品規格」や「品質規格」による品質

③ 購買品・購入品の品質
　製品の原材料や部品などの購買品の「品質」、購買品の仕様や条件などの品質

④ 製造工程における品質
　製品は製造工程の「製造条件」、「不良項目」、「不良率」などの品質条件

⑤ 検査における品質
　検査工程で規定する、「検査項目」、「管理基準」などの品質

⑥ 使用品質
　顧客がその商品（製品）を使用するときの品質で、「機能」や「仕様」などで見る品質

⑦ サービスの品質
　製造・販売側が行うフォローで、「アフターサービス」にみる品質

8.2.2　わが国の品質管理の状況

(1) 品質管理の変遷

わが国の品質管理の歴史は、第二次世界大戦後から始まり、現在も品質向上対策が続けられている。1950 年代からの変遷の様子を表 8-1 に示す。

表8-1　わが国品質管理の変遷

年代	状況	内容
1950年～1975年	1950年 品質管理導入	•1950年7月、米国W. E.デミング博士（W.E. Deming）来日。「管理図法」や「抜き取り検査法」などの「統計的手法」と「デミングのサイクル」について紹介
	1954年、品質管理の実践方法の紹介	•米国の品質管理コンサルタントのJ. M.ジュラン氏（J. M. Juran）来日。「パレート図による重要度分析」など管理者又は経営者の品質管理の実践方法を紹介 •品質管理の考え方、手法などが整備
	QCサークル活動	•製品の品質維持向上、製品製造者品質管理の実践 •品質管理実践グループとして、QCサークル（小集団）が構成され、品質管理活動開始 •QCグループが工場の品質改善に取り組み、「統計的品質管理（SQC）」実践。品質管理、改善の実施 •日本製品の品質が飛躍的に向上
1975年～1990年	TQCの導入	•全社全員が取り組む品質管理TQC（Total Quality Control：全社的品質管理）普及、ブーム、デミング賞 •製造、事務、販売、設計、企画などの間接部門においても品質管理の実践を実施
	バブル崩壊	•バブル経済崩壊、企業海外進出、グローバル化 •インターネットなどシステム化が急速に進展し、TQCではカバーできない状況出現、TQCが負担になる
1990年～	ISOの導入	•ISOの導入開始。海外進出企業はISO認定取得 •ISOブームにより、TQCブームが衰退
	1996年TQCからTQMへ	•1996年4月TQCがTQM（Total Quality Management：総合的品質管理）に改変
2000年～	QCからQAへ	•ISOの取得ブーム下火、ISOの弊害も散見 •2008年ISO9001:2008規格発行 •優良企業は、TQMやISOの良い部分導入、環境に適応し、品質保証の時代へ •2015年ISO9001:2015規格発行 •品質管理（QC：Quality Control）から品質保証（QA：Quality Assurance）へ

(2) わが国の品質管理環境の変化

日本企業が提供する製品の品質には、これまで国内外から高い評価が与えられ、現在も高品質な製品の生産が続けられ、そのポテンシャルは非常に高い。「ハイテク」、「高信頼」、「高性能」など、機能を中心に品質が高いイメージがある。しかし、近年、海外製品の品質改善も進んでおり、「従来の品質管理や仕組みでは不十分と感じ、さらにどの程度までやれば十分な品質と言えるのか」、次の点から検討している企業が増えている。

① 市場が拡大したことによって顧客要求がこれまで以上に増加し、内容も高度化とともに、さらに時間的変化も早くなり、高品質製品のライフサイクルが短くなってきている。

② 海外の品質に関する法規制や規格などの規制が増加し、品質を保証するための難易度が上がっている。

③ 社内の熟練工や技術者の定年退職、定着率の低下などで、製造時の品質維持が難しい。

④ 雇用状況などのリソース体系も変化し、従来活発だった小集団活動が不活性化し、改善活動、気づきの度合いが低下している。

⑤ これまでの品質保証制度が変化してきている。

(3) 企業が抱える課題

① 品質についてどのような方向性で、どのレベルまで品質保証・向上を目指すのか明確でない。

② 提供後の製品利用を想定し、保証すべき品質レベルを予測できるプロが少なくなっている。

③ 同分野企業の間での品質定義の共有化がなく、その差がある。

(4) 品質改善への対策

① ISO（国際標準化機構）規格をはじめとする標準的な仕組みを導入する。

② 品質保証部門の強化とその機能向上を目指す。

③ 現場で品質を意識する作業者の減少、及びその意識低下に関しての対策を施す。

(5) 顧客要求以上の品質の提供

① 顧客の期待よりも高い品質レベルの製品を供給すれば顧客の満足度は上がる。

② 目指す品質レベルについて、企業の経営、生産のどの部門でも同じ認識となるよう統一して、製品を顧客へ提供すれば顧客の満足度は上がる。

③ 過剰な品質は無駄につながる場合があることに留意する。

8.2.3　品質マネジメントシステム（QMS：Quality Management System）

現在の品質マネジメントシステムの意義とその主旨を示す。

(1) 品質管理の基本的な考え方

① 品質第一による管理
② 顧客最重要視による管理
③ 製品生産・出荷側の品質プロセス管理、活動状況の可視化
④ 製品の均一化管理

(2) 品質管理の主要活動

① 品質管理プロセスの変動事前予測及び対策
② 管理のサイクル活動「PDCAサイクルの活用」
③ 組織全体での活動

注：PDCAサイクルとは、Plan（計画）‐Do（実行）‐Check（評価）‐Action（改善）を繰り返すことにより、生産管理、品質管理などの管理業務を持続的、継続的に改善する手法である。

(3) 品質管理システムの規格

品質管理を進めるに際しては、ISO規格「ISO9001：品質マネジメントシステム、QMS: Quality Management System」の認証取得が奨励される。「ISO9001」には、「23項目」の「要求事項」があり、認証を取得するには、この「要求事項」に適合することが必要である。この規格（ISO9000シリーズ）の主要内容を表8-2に示す。

表8-2　ISO9000とISO9001

ISO 規格番号	主要事項	内　容
ISO9000	QMSの基本及び用語	品質マネジメントシステムの基本事項の説明、品質マネジメントシステムの用語の規定
ISO9001	QMS 要求事項	組織が顧客要求事項及び適用される規制要求事項を満たした製品を提供する能力を持つことを実証し、並びに顧客満足向上を目指す場合の品質マネジメントシステムに関する要求事項を規定

なお、ISO9001の初版「品質システム」は1987年に発行され、1994年に第2版が出され、2000年に第3版として大改訂がなされ、名称が「品質マネジメントシステム」とされた。2008年に第4版が発行され、2015年に再度大改訂がなされた。この折に、「製造及びサービスの提供の管理」の中に新たな要求事項として「ヒューマンエラー防止の処置」が加えられた。

8.2.4　品質改善に利用される方策

(1) 主要七つの道具

品質管理あるいは品質改善を進める際は、改善すべき事項の調査に続き、その内容の分析、改善対策の検討後対策が施され、その対策評価も重要である。このためのQC七つ道具とされる代表的な手法を表8-3に示す。

なお、これらにある図の作成には、データが必要で、その可視化によるデータの比較、全体把握が重要である。またデータの図示にグラフ（折れ線グラフ、棒グラフあるいは円グラフなど）が利用され、このグラフを七つ道具の一つともされる場合がある。

表8-3　品質改善時に利用される主要QC七つ道具

用　途		利用手法	概　要
原因の把握	1	パレート図	現象別に層別してデータをとることにより、重要な不良や問題点の抽出
分析	2	ヒストグラム	データをいくつかの区間に分け、その度数を棒グラフ表示し、データのばらつきを把握
	3	特性要因図	「魚の骨」（フィッシュボーンチャート）と称され、原因と結果の因果関係を整理
	4	散布図	二つのデータ間の相関関係を評価
	5	管理図	工程のバラツキを通常現象と異常原因に区別し、管理安定性を確認
策時の評価	6	チェックシート	あらかじめチェックする項目を決めておき、その内容を表又は図に示したもの。事実の確認や項目別の情報を簡単に取得
グループ分け	7	層別	データをグループ別に分けて問題点を把握する方法

(2) 新QC七つ道具

品質に関する言語データから有益な情報を得る新しい七つの手法が提案され、通称「N7」と称される。

表8-4　言語データ利用の新QC七つ道具（N7）

用　途		利用手法	概　要
関連情報の整理	1	親和図法	事実や推定/意見などを言語データで捉えて、そのデータの親和性で分類・統合し、問題の本質を見出す。
	2	連関図法	問題事象に関する原因と結果の因果関係を明確にし、重要要因を見出す。
具体的対策の展開	3	系統図法	目的達成のための方策（手段）を、なぜなぜ分析同様に展開し、具体的対策を見出す。
着眼点の見える化	4	マトリックス図法	二つの事象を行と列に設定し、各交点の関連に重み付けをする。
工程の見える化	5	アローダイアグラム法	計画を推進する上で必要な作業手順を整理し、工程の短縮を図る。
対策の展開	6	PDPC法	Process Decision Program Chart法は、方策を推進する過程の不測事態を予測し、回避するための方策を見出す。
データの整理	7	マトリックス・データ解析法	多数の項目（多軸）を関連ある情報ごとにまとめて、少ない軸で見やすくし、全体の評価を行う。

8.2.5　品質改善を支えるヒューマンファクター

品質改善は、これまでに制定された品質マネジメント規格の主旨の活用が重要である。ISO 9001:2000（及びISO 9001:2008とISO 9001:2015）には、次に示すヒューマンファクター視点による品質マネジメント原則が示されており、組織の経営者及び現場担当者は、これらの原則を適応することにより、組織の生産性向上と品質維持・向上を図ることができる。

(1) 顧客重視

顧客の要求事項をできる限りよく理解し、顧客の期待に応えるよう努力する。

(2) リーダーシップ

組織のリーダーは組織の目標と進むべき指針を示すとともに、目標達成のために必要な内部環境を整える役割を果たす。

(3) 人々の積極的参画

組織に所属するすべての人々は、組織の最も重要な要素である。各人は能力や知識を最大限に発揮し、経営側と一体になって業務に対処するよう努力しなければならない。このとき、ヒューマンエラーを防止する対策を講じること。

(4) プロセスアプローチ

プロセスアプローチとは、その組織への情報、資源、エネルギー等のインプットに付加価値を付けて製品としてアウトプットするプロセスを管理することで、その成果とプロセスに影響を及ぼす要因を直接管理する。

(5) マネジメントへのシステムアプローチ

システムとは、互いに関連し互いに影響し合う要素の集まりで、ある要素の変化はほかの要素にも影響する。品質マネジメントは、組織の目標を効率的に管理する視点が必要である。

(6) 継続的改善

組織は品質マネジメントシステムをより良い状態に保つため、その適切性や妥当性及び有効性について、継続的に改善しなければならない。

(7) 意思決定への事実に基づくアプローチ

客観的な事実を認識する仕組みを構築し、得られたデータを記録・分析することで、効果的な意志決定が可能となる。

(8) 供給者との互恵関係

供給者からの部品や材料の品質は、組織のアウトプットである製品の品質に結びついている。組織の持続的な成功のためには、供給者との良好な関係をマネジメントすることが重要である。

第 9 章　労働安全

わが国の労働安全に対する本格的な取り組みは、終戦後から始まったと言っても過言ではない。それまでは労働安全はほとんど顧みられず、労働者は機械部品と同じように取り換えられるものと考えられており、多くの工場では、労働者の安全や健康に対して十分な配慮がなされていなかった。

労働安全への取り組みも、ヒューマンファクターの重要な要素の一つである。

9.1　労働災害の現状

わが国においては、業務に起因する労働者の負傷、疾病や死亡を「労働災害」という。毎年、労働災害により約 1,000 人が亡くなり、約 12 万人が負傷（休業 4 日以上）している。

厚生労働省の報告によると、全産業における労働災害発生状況 2018 年は、建設業の高所からの墜落・転落災害が最も多く、次いで交通事故、製造業における機械設備によるはさまれ・巻き込まれ災害が多く、近年では第三次産業の転倒災害も増えている。

表 9-1 には、わが国における戦後の労働安全衛生に関する安全類型や概況を年代別に見たものを示す。

表 9-1　わが国における戦後の労働安全衛生における経緯

時代名称	安全類型	概　況
戦後復興期 1945 年～1965 年	生産安全	生産性偏重のため労働災害多発、安全哲学と安全技術の遅れ、機械技術の発展
経済伸展期 1966 年～1990 年	労働安全	1972 年、労働安全衛生法施行 自動化・ロボット化の推進、労働環境の改善、労働災害の急速な減少、科学技術システムの巨大化
経済不況期 1991 年～2000 年	産業安全	労働災害減少の低迷、企業の安全文化の必要性、巨大科学技術に対する疑念と不安、社会の安全希求の増大、リストラ 欧州各国にあわせて、労働安全衛生の仕組みを法規制型から企業の自主対応型へ一歩踏み出し、「労働安全衛生マネジメントシステムに関する指針」という形で 1999 年 4 月に公示
経済激変期 2001 年～2010 年	社会安全	少子高齢化による労働人口減少と温暖化などによる環境劣化、3R（リデュース、リユース、リサイクル）の循環型社会への移行、自殺者の増加。特に 2007 年の米国においてサブプライム住宅ローンがバブル崩壊し、それに連動して 2008 年後半からの米国発金融危機が世界規模の株価下落、為替市場の混迷、雇用環境の劣化と失業者の増加、GDP の下落を招く。今までに類を見ない世界的な景気低迷に世の中がどのように反応するか、今まさに世紀の大実験が行われていると言えよう。
社会環境 激変期 2011 年～		2011 年 3 月 11 日の東日本大震災によって原子力発電の是非が問われることとなり、自然エネルギーへの転換が進められることとなった。

生産安全は、専ら生産第一主義の時代、この頃は戦後復興のためにはなりふり構わぬ生産体制であり、そこで働く者の安全は口では叫ばれてはいたものの、組織の中心には置かれていなかった。終戦直後 1945 年に労働組合法、1946 年に労働関係調整法、そして 1947 年に労働基準法という、いわゆる労働 3 法が憲法第 28 条の労働基本権の理念に基づいて制定されたが、1950 年に勃発した朝鮮戦争は、戦後復興にかけたわが国にとって千載一遇のビジネスチャンスであり、安全は二の次に廻されてきた。1960 年、時の内閣総理大臣池田勇人は国民所得倍増計画を発表し、経済成長率年 9% を打ち出した。その結果、高度経済成長期の負の遺産として、環境汚染による健康被害の水俣病、新潟水銀汚染、四日市ぜんそく、イタイイタイ病などの四大公害病が発生した。

その後田中角栄政権での日本列島改造論などが台頭し、さらなる経済伸展期を迎え、環境問題や国民や労働者の安全と健康問題がクローズアップされるようになった。そこで 1972 年に労働安全衛生法が成立し、その結果劇的に労働災害が減少した。

生産安全と労働安全は一組織内の問題として捉えられるが、次のステップとして同一産業界全体の安全レベルを向上させることにより、国民の信頼を回復するという目的から産業安全が叫ばれるようになってきた。

そして、2009年前後の経済激変期から国民は、安全は当然のこととして、より安寧な社会生活を享受したいという願いから、安心の提供も求めるようになってきた。つまり、社会安全の構築には、安全と安心の両方を確保することが必須となったのである。

9.2　世界の動向

世界的にも労働安全衛生の分野における動きがあり、1999年イギリスをはじめとして日本を含む国際合同会議において、英国規格BS8800とISO14001労働安全マネジメントシステムの要求事項を規格化したOHSAS18001が制定された。同年、わが国においても「労働安全衛生マネジメントシステムに関する指針」を制定した。その中にリスクマネジメントの概念も含まれることになった。

2018年3月に労働安全衛生マネジメントシステム（以下、「OSHMS」という）の国際規格であるISO45001が発行された。これは、働く人の負傷や疾病を防止し、安全で健康的な職場を提供できるようにするための要求事項を規定したものである。

OSHMSの規準は、これまでも国際労働機関（ILO：International Labor Organization）の労働安全衛生マネジメントシステムに関するガイドライン（ILO-OSH2001）や厚生労働省の労働安全衛生マネジメントシステムに関する指針、COHMS、JISHA方式適格OSHMS規準、OHSAS18001などが作成された。これらは、いずれも基本的には記載されている内容は同じである。2017年に実施されたOSHMSに関するアンケート調査（中央労働災害防止協会、製造業安全対策官民協議会）によると、OSHMSの導入後に安全衛生水準が向上したと回答した事業所が9割を超えたことから、OSHMSは安全衛生水準の向上に有用なツールと言える。

9.3　わが国の労働災害死亡事故

わが国の死亡災害発生状況は、図9-1のとおり1961年に6,712人と最多であったものが、1972年の労働安全衛生法（安衛法）が改正された後に漸減し、2007年には1,357人と、第10次労働災害防止計画において目標としていた1,500人を大幅に下回る結果となった。また、2008年から始まった第11次労働災害防止計画では、死亡者数は2012年の時点で、2007年に比して20%以上減少させ1,085人以下という目標に対し、2009年で既に1,075人とそれを下回った。そして、2010年には1,195人と一旦は増加したものの、翌年は東日本大震災を直接原因として亡くなった人を除くと1,024人となり、2019年は845人と過去最少となった。表9-2に2019年の労災死亡者数について，業種別と死亡原因別の表を掲載したので参照されたい。

最近10年ほどの出来事を振り返ってみると、ITシステム障害から自然災害、交通、鉄道、航空及び宇宙における事故、産業、電力、建築、遊具、生活用品、医療、食品、金融、年金及び公序良俗に触れるものなど、事故や事件が相次いでいる。昨今のこのような社会の安全性は憂慮すべき事態になってきている。

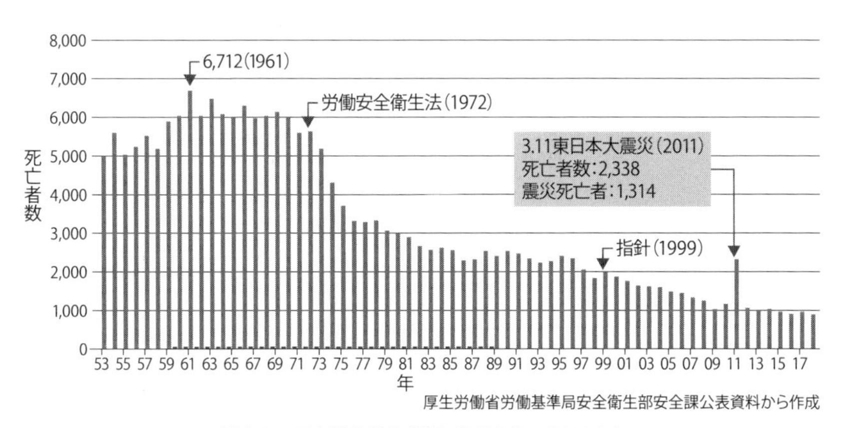

図9-1 死亡災害発生状況（1953年～2018年）

労働災害による死亡者数について、長期的には減少傾向にある。しかし、近年依然として1,000人レベルの水準で推移している。

2019年の業種別死亡災害発生状況を図9-2に示す。合計人数は845人で、その内訳は、建設業が一番多く269人、第三次産業が240人、製造業が141人と続いている。これらの死亡災害の原因は資料に示されていないが、近年は組織的要因がかなりあるのではないかと考えられる。

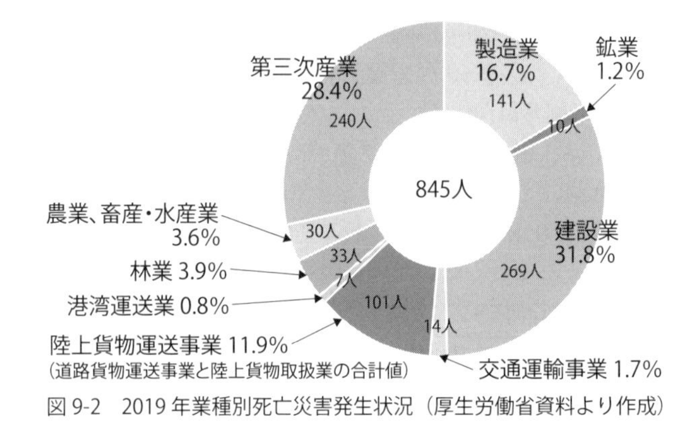

図 9-2　2019 年業種別死亡災害発生状況（厚生労働省資料より作成）

なお、2019 年の死亡災害を死亡原因別に見ると表 9-2 のようになっている。

表 9-2　2019 年原因別死亡発生状況

	墜落・転落	転倒	激突	飛来・落下	崩壊・倒壊	激突され	挟まれ・巻き込まれ	切れ・こすれ	おぼれ	高温・低温物との接触
全産業	216	22	2	43	56	77	104	4	24	27
製造業	23	5	0	8	8	14	49	1	1	5
鉱業	2	1	0	0	2	0	4	0	0	0
建設業	110	6	1	18	34	26	16	1	4	10
交通運輸事業	3	1	0	0	0	0	0	0	0	1
陸上貨物運送事業	19	1	1	5	5	6	7	0	1	2
港湾運送業	0	1	0	0	0	2	2	0	0	0
林業	7	1	0	3	4	14	1	0	0	0
農業、畜産・水産業	4	1	0	4	1	2	6	1	7	0
第三次産業	37	5	0	5	2	13	19	1	11	9

表9-2　2019年原因別死亡発生状況（つづき）

	有害物との接触	感電	爆発	破裂	火災	交通事故道路	交通事故その他	動作の反動・無理な動作	その他	分類不能	合計
全産業	14	3	4	0	45	157	3	0	42	2	845
製造業	4	1	3	0	4	8	0	0	7	0	141
鉱業	0	0	0	0	0	1	0	0	0	0	10
建設業	2	2	1	0	2	27	1	0	7	1	269
交通運輸事業	0	0	0	0	0	8	0	0	1	0	14
陸上貨物運送事業	0	0	0	0	2	40	0	0	12	0	101
港湾運送業	0	0	0	0	0	2	0	0	0	0	7
林業	0	0	0	0	0	2	0	0	1	0	33
農業、畜産・水産業	0	0	0	0	0	3	1	0	0	0	30
第三次産業	8	0	0	0	37	66	1	0	14	1	240

9.4　労働安全衛生法と労働安全管理体制の構築

労働安全衛生法は、職場における労働者の安全と健康を確保し、快適な職場環境を作ることを目的として1972年に制定された。第1条に「労働基準法と相まって労働者の安全と健康を確保するとともに、快適な職場環境の形成を促進する」と規定されている。

① 労働安全衛生法には、違反した際の罰則等を含め、次の事項が規定されている。

a　同法の目的を達成するために厚生労働大臣や事業者が果たすべき義務

b　機械等や危険物・有害物質に対する規則

c　労務災害を防止するために講じなければならない措置

d　事業者が労働者の安全を確保するために安全衛生を管理する体制を整えること（安全衛生管理体制の確立）

e　同法に違反した際の罰則など規定されている

② 労働安全衛生法により、配置が義務付けられている組織は、安全委員会のほか、総括安全衛生管理者、産業医、安全管理者、衛生管理者、安全衛生推進者及び衛生推進者などである。

③ 事業者が講じなければならない措置として、総括安全衛生管理者などの選出や安全衛生委員会などを開催する「安全衛生管理体制の整備」や、労

働者に対する「安全衛生教育の実施」、労働者の健康管理を保護するための「健康診断の実施」などが挙げられる。

9.5　ISO45001（労働安全衛生マネジメントシステム）

作業環境、労働負荷などによる危険防止と安全衛生教育、メンタルヘルスと安全管理などにも留意するとともに、昨今ではストレスチェック、運転士の睡眠時無呼吸症候群（OSAS）による居眠り未然防止、航空機乗員の酒気帯び検査など、個人の健康管理も重要な課題である。これらを会社全体の目標として労使が一丸となり全社的にISO45001（国際標準化機構、労働安全衛生マネジメントシステム）を受審認証取得することで、働く人の協議と参加、適正な文書化、内部監査などの仕組みが整備され、さらに継続的改善による管理能力と安全衛生水準の向上が期待できる。

労働安全衛生の分野では、OHSAS18001シリーズやOHSMS、またわが国では厚生労働省の労働安全衛生マネジメントシステムに関する指針、その他業界が定めるガイドラインなど多くの規格がある。ISOではISOマネジメントシステム規格の共通テキスト（ISO/IEC Directives Part1,Annex SL）を採用したISO45001を2018年3月に開発し、OHSAS18001からISO45001への認証の移行が始まった。

ISO45001を受けて、わが国ではJIS化され、JIS Q 45001が2018年9月に制定され、さらには働き方改革関連法など、わが国独自の問題を盛り込んだJIS Q 45100も同時に制定された。

ISO45001（労働安全衛生マネジメントシステム）は、次の項目について規定されている。

①　序文から箇条3：企画の狙いや用語の定義

②　箇条4（組織の状況）：組織内外の状況の把握で安全衛生方針、安全衛生目標など作成のための基本情報

③　箇条5（リーダーシップ及び働く人の参加）：経営トップのリーダーシップの重要性や、安全衛生方針、労働安全衛生マネジメントシステムに関する役割分担、働く人と協議すべき事項

④　箇条6（計画）：箇条4の状況を踏まえたリスク及び機会の評価と取り組み事項の決定や、職場のリスクアセスメントなど踏まえた安全衛生目標及び安全衛生計画の作成など

⑤　箇条7（支援）：労働安全衛生マネジメントシステムの構築や運用に必要

な資源（人的資源、インフラ、資金など）の決定と提供、必要な教育の実施やコミュニケーションの確保、文書化など

⑥　箇条8（運用の計画及び管理）：箇条6の計画の実施、リスク低減方策、変更の管理、製品・サービス調達の管理、緊急事態対応など

⑦　箇条9（パフォーマンス評価）：モニタリング、測定、遵守評価、内部監査、マネジメントレビューなどパフォーマンス評価に関すること

⑧　箇条10（改善）：箇条9のパフォーマンス評価を踏まえた取り組み、インシデント（労働災害やヒヤリハット）への対処、不適合の是正処置、継続的改善など改善に関すること

これらISO45001、45100（労働安全衛生マネジメントシステム）を活用し、組織全体が一丸となり、さらなる労働安全管理体制の確保に寄与することが必要である。

第10章　安全文化

企業や組織を取り巻く社会環境は近年ドラスティックに変化している。ここで重要なことは、企業や組織がそれらの変化に、いかに迅速に的確に対応していくかということである。本章では安全文化と攻めの安全管理に論点を移したい。

10.1　守りの安全から攻めの安全へ

文化には、慣習や習慣といわれる行動的側面と、知識、信念、価値観というような観念的側面がある。文化は社会によって担われ、人々の集団である社会があってはじめて存在するわけであり、人間の社会においては文化のない社会は存在しない。すなわち、人間の生活において社会や組織は、文化と表裏一体を成しているということができる。したがって文化は、「その社会や組織の集団の無意識的な行動パターンに、理想、価値観及び思考などの心的体系をすべて合わせた集合体」と言える。そしてその中の安全文化とは、「安全の重要性に対して習慣となっている集団の価値判断レベルと行動様式」と言うことができる。

事故や不祥事を起こした場合、企業や組織は、原因を「当事者のミス」として行為者の責任を一方的に追及するのではなく、その陰に隠れて気づかれることは稀であるが、実はそれを許容する文化や土壌が、そこに厳然として存在していたことに気づくべきである。それは企業・組織における個人やその集団は、共通した行動様式や物事の考え方を価値観として共有しているため、連鎖的に同種の過ちをしてしまうのである。そのような組織の「常識」は、明らかに社会の通念に照らして「非常識」であっても、そうした土壌が災いし、客観性のある状況認識に的確さを欠いてしまっている。これも文化がなせる業であろう。そこに共通して見られるのは、細部や部分から全体的視点への移行というパラダイムシフトの失敗である。すなわち「安全の知」という演繹的な思考による危機管理がなされていないことである。

組織における人間の行動は、単に個人の気質や人間の特性だけによって決まるものではなく、職場の雰囲気などその組織が持っている「性格（文化）」の影響によって左右されるものである。したがって、行動の背景にある安全や仕事に対する価値観、それを生み出す職場の雰囲気・環境づくりなど、人間関係を主体に「文化」の改善に取り組むことが、今まさに攻めの安全管理上重要になってきている。相変わらずリストラが盛んに行われているが、リストラや合理化・効率化が「体質改善」であるなら、安全文化の構築は「性格改善」と言えるであろう。職員一人一人が安全や仕事に対する価値観を発露として、業務の遂行に際し「無意識的な安全行動のパターン」を形成していくことが、すべての産業分野に共通する安全管理の基本原則である。

従来の安全管理（再発防止型安全：墓石安全）を、安全のもぐら叩きゲームとすれば、攻めの安全管理（未然防止型安全：予知予防安全）とは、もぐらの巣を取り除くことである。人間の健康を例にとれば、日々の行動様式や生活スタイル、習慣などを改善するとともに、早期発見・早期治療・根治療法などによる病巣摘出の概念である。そこで大切なことは、それに対する「気づき」である。近年多くの産業界で広く取り入れられている5S活動（整理、整頓、清潔、清掃、しつけといった行動を推進する活動）は、企業の経費節減を主たる目的にしたものではなく、整然とした中で「いつもと違う“何か”に気づく」ことに主眼を置いている。「気づき」とは、決して受動的態度から生まれるものではなく、積極的に「気づこう」という能動的な「攻めの態度」から生まれるものである。

しかしながら、わが土着農耕民族の真・善・美の底流には、「静」の概念があり、何もしないこと、静かにしていること、従順であることが安穏な生活につながるという思考形成の傾向は否めない。もちろん日本人の基本的精神構造には、欧米の一元論的価値判断とは異なり、多様な価値観を受け入れることのできる心の広さや柔軟性があるとも言われ、それが安全文化に良い一面を与えているとも言える。しかし木の町並みは石の町並みと異なり、燃えれば消失し、四季ある生活は、季節ごとに情緒的なリセットを促す。また周囲を海に囲まれ、豊かな河川に恵まれた風土は、「水に流す」という仏教的風習により、教訓を活かす前に忘却へとたどらせる。つまり、わが民族の精神性の中には、守りの安全の概念が脈々と引き継がれているのである。

何かあったら大変だと、すぐに尻尾を巻いてしまう、つまり消極的になってしまう。自分がチャレンジしようとしないで、すぐに防御に入る。受け身に入る。本当にそれでよいのであろうか。医療過誤で逮捕起訴された某病院の産婦人科医は無罪になったが、この一件以来医療界では事故が多いといわれる小児科、産婦人科あるいは高度医療にかかわる医師が事故を恐れ、難しいハイリスクの患者を受け入れたがらなくなってきている。このような現象を、今、医療界では「萎縮医療」と呼んでいる。同様に産業界においても「萎縮安全」になってしまってはいないであろうか。

ヒヤリハット事例の活用は、事故や重大な事象の予防に有効であると言われている。しかしながらヒューマンファクター的にはヒヤリハットであれ、事故や重大な事象であれ、たまたま結果が異なっただけで、その人間の行動にはいささかの差異もないのである。したがって、ヒヤリハット報告や事故報告に基づいた対応はあくまでも事後処理である。しかし、いくつかの組織では、それらの手前にある日常の業務で発見された「気づき・気がかり」なこと等に積極的に対応している例がある。これがまさに「攻めの安全管理」の一つと言えるであろう。

組織エラーとは、当事者のエラーを誘発し、当事者エラーの発生を防ぐことができなかった環境や背景などを言う。最近の事故事例の多くは、組織が作業者のエラーを誘発していると言っても過言ではない。そのためには「誰が」悪いのかというより、「何が」悪いのかというものの見方が必要なことは当然である。そしてエラーの背後に潜む様々な要因を詳らかにし、予防安全・予知安全に向けて一つ一つゲリラ戦的に根気強く潰し、そして攻めていかなければならない。

今、確固たる安全を築き上げた多くの組織は、その上に立って顧客に安心を提供することに腐心している。安心とは人間の心の状態であり、数理処理できる安全と異なって関係者同士の人間と人間とのつながり、心の触れ合いや信頼が必要である。現在、安全と安心の議論の焦点は、「セーフティーターゲットをどこに置くのか：How safe is safe enough?」ということである。科学で証明できないものの不安定さを補うためには、人間の心という主観的な判断に解決を求めなければならないのかもしれない。そのためには、情報公開、説明責任、リスクコミュニケーション、相互の完全な理解と納得、そして誠意といった温もりのある人間の心ある活動が必要である。それは対企業外のみならず企業内においても極めて重要なのである。

10.2　安全文化の成り立ち

原子力分野で「安全文化」が言われ出したのは、1986年4月の旧ソ連（ウクライナ）キエフの北北西約130kmにあるチェルノブイリ原子力発電所事故がきっかけになった。当時、キエフを含むソ連西部の電力供給は不安定で、しばしば停電していた。原子炉にとって電源喪失は最も厳しい緊急事態であったから、その日は、外部電源が停電した場合に、どれだけタービン発電機が回転の惰性によって発電するかを調べるために、原子炉の出力を意図的に低下させて実験をしているうちに事故が発生した。その試験計画は極めて杜撰なもので、いくつもの安全装置を外して限界を超えて行っていた。つまり、それが許される文化や風土があったのである。

この事故を受けて国際原子力機関（IAEA：International Atomic Energy Agency）の国際原子力安全諮問グループ（INSAG：International Nuclear Safety Advisory Group、後に国際原子力安全グループに改組）が、1986年の旧ソ連のチェルノブイリ原子力発電所事故に関して取りまとめた「チェルノブイリ事故の事故後検討会議の概要報告書」（INSAG-1、1986）で、初めて「安全文化」という用語が用いられた。

なお、安全文化の定義は、その5年後の報告書（INSAG-4,1991）において、次のようになされている。

> • Safety Culture is that assembly of characteristics and attitudes in organizations and individuals which establishes that, as an overriding priority, nuclear plant safety issues receive the attention warranted by their significance. INSAG-4（1991）
> • 原子力発電所の安全の問題には、その重要性にふさわしい注意が最優先で払われなければならない。安全文化とは、そうした組織や個人の特性と姿勢の総体である（INSAG-4, 1991）
>
> （原子力安全委員会平成17年版原子力安全白書概要版から引用）

つまり、これは安全文化における組織や個人の特性と姿勢について、次のように言っていると考えられる。

① 組織：組織に必要な安全の枠組みと、管理機構の責任のとり方

② 個人：その枠組みにおける個人の理解の仕方と責任のとり方

また、安全文化を語る際に重要なことは「安全の重要性に対して習慣となっている集団の価値判断レベルと行動様式」であり、現場での作業をするにあたっては、迷わず安全側の行動や判断を選択することを、組織の大多数が無意識にできることである。にもかかわらず、原子力分野において低次元の原因で事故が起こっているのは、安全文化の構築がいかに容易なものではないかを示している。

組織安全の研究者であるJ.リーズンは、安全文化について次のような分析と言及を行っているので参考にしたい。

• 安全文化とは「用心深さの文化」であり、物事が悪い方向に行く可能性のあるものに対する「注意深さの集合体」を含む。

- 安全文化は、「情報に立脚した文化」でもある。
- 「情報に立脚した文化」を創るためには、「報告する文化」、「正義・公正の文化」及び「学習する文化」が必要である。

10.3　安全文化を構築するための具体的事項

(1) 組織全体の安全に関するポリシーの確立とその徹底

①　安全な企業や組織は、確固たる安全哲学を持ち、組織存在の意義を明示している。

②　事故や事件を惹起した多くの企業を調べてみると、虚しい美辞麗句で装飾された素晴らしい社是や企業理念を謳っているケースが多い。しかし実態はまさに仏作って魂入れずで、そのような社是や企業理念とは程遠い文化であることが見受けられる。これは顧客や社会を欺いていることに他ならない。

③　ポリシーを確立したらそれを現場に浸透させ、実際に職員の行動が変わるように指導・教育していかねばならない。

④　経営陣のヒューマンファクターに対する理解と安全確保に関する強い熱意、そしてその達成意欲が何よりも重要である。子は親の背を見て育つがごとく、経営陣の安全に対する起居振舞いが、良くも悪くも職員に伝染する。

(2) 組織の目的に対して、役職員が一致協力し得る環境を創り出すこと

①　前項をトップダウンとすれば、これはボトムアップである。安全性向上のための小集団活動などを活性化し、改善提案などに積極的に対応し、役職員相互の信頼関係を築いていくことにより、作業者の安全目標などに対する達成意欲の向上につなげていくことが重要である。

②　安全に対する提言には、とかく予算を必要とすることが多い。このため積極的に発言する者は上司から好まれないという傾向が見受けられる。安全に対してどのように原資を配分するかは、経営にしか決められないことであるから、経営者は英断することが必要である。もし対応できない提言があれば、その理由を開示し提言者の納得が得られるよう真摯に話し合う必要がある。

③　職員の教育と技能の訓練の違いを明らかにし、特に教育を充実することにより、意識の高揚と価値観の是正を図る。つまり、技術の知を付与する

訓練から安全の知を養う教育に重点を置くことである。訓練とは、原始脳に働きかけ本能を磨き行為を堪能にすることにより「自立」を促すこと。また教育とは、人間脳に働きかけ、理性を高め思考を強化することによって「自律」を促し、もって行動の変化を起こさせることである。

④　諸環境の変化に対応した瞬時の意思決定ができるよう、柔軟性のある組織運営がなされなければならない。

⑤　社員がやる気をなくす要因を職場から排除するのは管理者の責任である。例えば、昇進や報酬に関する不満、上役、部下、同僚との対人関係、作業環境に対する不満などがある。

(3) 責任所在の明確化

①　組織が大きくなればなるほど小回りが利かず、緊急事態において指示待ち症候群が現れる。予期せぬ変化に迅速に対応するためには、中央集権化の程度を下げる必要がある。

②　管理責任者は現場から選出されることが望ましい。安全の確保には現場の判断を尊重し、是認する気風を育てること。

③　リーダーや監督者は、作業にかかわって大局を見失わないような方略的思考を持たなければならない。リーダーや監督者がその役割を適切に果たさなかったことによる事故が近年散見されている。また、リーダーは業務に精通することにより、手段と目的が往々にして主客転倒することがあることに注意を要する。職員はリーダーに対して過度の依頼心を抱いてはいけない。リーダーも間違えることがある。その場合は作業者といえども、安全のためにはリーダーに進言できなければならない。

④　責任の所在は、任務分担を厳密に定めることにより、明らかになる。

(4) 組織内の確実な意思疎通

①　組織が肥大化するに従って、一般的に情報の管理や周知が徹底され難いという傾向が現れる。安全情報の共有は重要である。また、情報の水平展開とは、双方向・完結型のコミュニケーションを表し、単に情報の一方通行的流布を指すものではない。

②　トップと現場との定期的なコミュニケーションにより、絶えず目的が忘れ去られないよう繰り返し強調し、トップは本音を伝え、現場の生の声に耳を傾けるべきである。

③　また管理者は、自分の影響力を使って意見を押し付けたり、批判をかわ

したりしないこと。そして現場からの批判やコメントに対して積極的な姿勢を持つこと。権威の勾配が急になるほど、下位の者の意見具申、積極的発言は妨げられるものであり、風通しの良い職場を作るのは管理者の責任である。

(5) 的確な手順の作成とその遵守

① 4P［安全哲学（Philosophy）に基づき、明確にブレイクダウンされたポリシー（Policies）と手順（Procedures）並びに実践（Practices）］を定める。4Pとは次のとおりである。

- Philosophy（安全哲学や理念など）

  役員等上位の管理者は、組織がいかに機能することを望んでいるのか明確に主張する。そのようなフィロソフィーは、経営のみが確立できるものである。

- Policies（行動指針や規範、方針など）

  管理者が期待する業務遂行の方法を明確にしたもの（訓練、実務、整備、権限の行使、個人の指導など）。ポリシーは、通常ラインマネージメントによって示される。

- Procedures（手続きや方策など）

  ポリシーと一致するように作成されるべきであり、すべてを方向付けるフィロソフィーとも一致していなければならない。通常、監督者によって作られ、タスク（業務）をいかに遂行するか定めている。

- Practices（手順や方法など）

  業務実施にかかわる要領であり、Proceduresから逸脱しないことを確実にするための、品質管理がなされなければならない。

② できあがった手順には、「何のために」「何故そうするのか」といったことが明らかにされていないと、作業者は考える力を失い、機械の歯車の一つになってしまう。このような作業者を育ててしまえば、想定外事象への対応、臨機応変、機転、知恵の発揮など望むべくもない。

③ 基準や規定類は常に見直し、朝令暮改のそしりを恐れないこと。手遅れにならないように注意する必要がある。

(6) 安全活動に対する厳格な内部監査

① 怠慢や故意、あるいは作為的な違反行為に対しては、毅然とした態度で臨み、信賞必罰を明確にする。また、組織内のモラルは安全性に影響する

ため、モラルの低下に対しても毅然とした態度をとる。

② 規範とは、集団が共通して具備しているべき価値観や考え方、行動様式である。違反をした者に対しては、それを認めないことを明確に表明することにより、規範は強化されていく。

③ また、安全の確保は、法令への適合に頼るより、むしろ内部責任を信頼して行われていること。

④ 内部監査は企業論理、すなわち技術的リスク感覚のみならず、社会的リスク感覚も用いてなされるべきである。また、指摘事項や是正事項を見つけるばかりでなく良い点も指摘し、現場の意見を尊重して改善すべき点を経営に橋渡しする役割を担うべきである。

⑤ 事故が発生していない組織においては、「なぜ今事故が発生していないのか」という視点からの「無事故調査」もなされるべきである。

⑥ 企業内安全のみならず、他組織・社会的動向にも精通した安全のプロを養成すること。

(7) エラーを率直に報告できる雰囲気づくり

① 同じ教育訓練を受け、同じ作業環境下で仕事をしているとき、誰かが起こした過ちは、必ず他の者も起こす可能性がある。ヒヤリハット、インシデント、気がかりなどの報告は、多くの教訓を含んでいる。これらの情報を責任追及としてではなく、予防安全の見地から原因指向で収集分析、対策立案できる体制を整えること。

② ヒヤリハット等の分析は、「なぜ発生したのか」という視点とともに、「なぜヒヤリハットで止まることができたのか」及び「他にも同様のヒヤリハットが発生する状況や現場はないか」という視点で水平展開する必要がある。

③ 特に組織管理上のエラーや危険因子の発見は、再発防止策の策定上最も重要なポイントとなる。また、このような調査により、マネジメント上の方針や手法の欠陥が明らかになることもある。

④ ヒヤリハットより時系列的に手前にある「気づき・気がかり」等の報告は、普段の職場の雰囲気が大きく影響する。常日頃から上下のコミュニケーションを大切にし、上司に話しやすい雰囲気を醸成しておく必要がある。

(8) 報告を受け入れ予防安全に生かす、開かれた組織の態度

① 保安や安全活動に対しては、職員全員が「清き一票」を持っている。エラーを予知、発見した場合、気がかりな事柄を発見した場合など、平素から指摘しやすい環境を整えておくこと。

② 安全に対する必要な投資や安全管理部門に対する人的資源の投入が望まれる。とかく保安活動は非生産的であるという組織態度が見られる。しかし、安全阻害要因の特定と排除に寄与できる効果的システムが構築され、保安に関する現状分析が絶えずなされれば、自主保安体制が容易に構築され、生産性が向上することは明らかである。

③ 安全に対する投資には特効薬的効果は望めない。しかし、図10-1に示すとおり、中央災害防止協会のデータによれば1：2.7ということである。

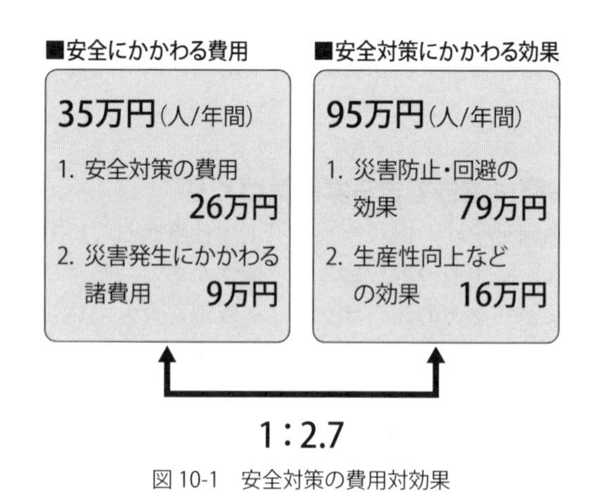

図10-1　安全対策の費用対効果

例えば、2005年4月JR西日本福知山線事故後の2005年11月9日発表によると、同年9月末日現在における同社の出費は、車体撤去・葬儀費等で48億円、減収が24億円の合計72億円である。遺族補償は数百億を超えると言われている。これに対して再発防止に有効とされる自動列車停止装置（ATS-P型）の設置に係る費用は約100億円と言われている。本事例における安全対策に係る費用対効果は上記の1：2.7を優に超えることになる。

従業員、株主及び顧客からはもちろん、地域社会や市民から長期間にわたって高い評価を得ている企業の多くは、長期間にわたって災害の発生が少ない、いわゆる「無事故企業」である。そして、これら無事故企業に共通して言えることは、明確な安全文化が構築されているということである。

近年のように、企業の社会的責任が重要視されるようになると、安全は企業存続の基本的要件となる。安全な企業活動が行われるためには、安全について具体的管理が行われているとともに、企業を構成する役職員全員の一致した安全意識が存在すること、そのような風土習慣が安全文化として形成されていることが最も重要である。

おわりに

まだかくれんぼや鬼ごっこや缶蹴りが主な遊びだった頃の子供は、人間についていろいろな疑問を持っていた。なぜ人間には腕が2本、足が2本あるのだろう、耳は全方向からの音をキャッチするのに、なぜ目は前だけしか見られないのだろう、他の動物から比べるとずいぶん体の毛が少ないのはなぜだろう、なぜ爪が伸びてくるのだろう、なぜ手にも足にも指がそれぞれ5本あるのだろう。

その子供が成長して今度は人間の行動に疑問を感じるようになった。なぜ人間は朝起きて夕方眠るのだろう、なぜ人間は他の動物のように四つ足で歩かずに二足歩行するのだろう、なぜ人間は食事をして排泄しなければならないのだろう、なぜ人間は忘れ物をするのだろう、なぜ人間はごみを出すのだろう、なぜ人間は同じ種同士で殺し合うのだろう。

このようなことに関心を持つ人たちが集まって日本ヒューマンファクター研究所が設立されたのは1998年のことで、もう20年以上が経った。元早稲田大学教授黒田勲先生の薫陶の下、鋭意上記のような疑問に答えを見つけようと研究を重ねてきた。この間、時代は20世紀から21世紀となり平成から令和へと移り変わっていったが、所員一同一貫してヒューマンファクターの研究にいそしんできたのである。

所員の約半数は学者畑から、残りの多くはいろいろな職業の実務経験者が占めている。両者がそれぞれの知見を出し合うことにより、より実際的な研究を進めることができている。

ここで実際的な研究というのは、当研究所のヒューマンファクターの定義に「機械やシステムを安全に、かつ有効に機能させるために必要とされる、人間の能力や限界、特性などに関する知識や概念、手法などの実践的学問である」と記述されていることを意味する。ヒューマンファクターは学問のための学問ではなく、人間の営みに役に立つ実践的な学問であるという考え方である。

もちろんいろいろな人間の営みに等しく役に立つ知見であるが、特に研究所が力を入れているのは社会安全に対する貢献である。製造業、医療、交通、サービス業などの企業をはじめ、地方自治体や公共事業などの組織にかかわって、その組織の安全文化を維持する助けに貢献している。ここで「安全管理のお手伝いをしている」と表現しないのは、本文にあるとおり「安全というものは世の中に存在しない。現実に存在するのはリスクであり、リスクを管理した結果が安全と呼ばれる状態を存在させる」という意味で、「安全文化の維持の手助けをしている」と考えているからである。

本書はそのような研究所の研究活動と社会安全への貢献に関する知見をまとめて記述したものである。このような観点に立てば、むしろ本書のタイトルは「ヒューマンファクター学」とした方が妥当なのかもしれない。これからヒューマンファクター学を学ぼうとしている方々のテキストや参考書として役立つと自負している。

出版が決まってから約1年をかけて所員全員で執筆し、編集してきた。まさに所員の総力を挙げた渾身の出版である。多くの方のお役に立つことを期待している。

2020年10月

日本ヒューマンファクター研究所
所長　桑野 偕紀

「ヒューマンファクター」を読んで

明治大学名誉教授、日本ヒューマンファクター研究所顧問
向殿政男

安全問題は、人類にとってこれまでも、またこれからも、いつでもあり続ける永遠の課題である。

安全の範囲は、実に幅広い。人工物が原因である事故も、自然現象が原因である災害も、人間の悪意が原因である犯罪も、すべて安全問題である。安全を確保するには、人間の力に依存しようとする人間科学的な、そして技術的で実現しようとする自然科学的な、さらに組織、規則、標準などで管理しようとする社会科学的な側面があるが、どの側面をとっても、その背景には必ず人間が関係する。したがって、結局は安全を守るのは人間であり、守る対象もまた人間である。また社会は安全を求めるとともに、さらにその先に安心を求めるようになってきている。このように、安全におけるヒューマンファクターの探求は不可欠であり、本質的である。

製品やシステム等の人工物による被害についても、人間、技術、組織を用いてこれまで懸命に対策が施されてきている。しかし、結局最後には人間的な側面が課題として残される例が多い。このことは飛行機の例がよく示している。自動化が進み、規則・規制が世界的に整備されても、最後はパイロットや管制官によるヒューマンエラーが大きな課題として常に追求されている。

本書は、主として航空関係者が集って、ヒューマンファクターについて、長い間、真摯に研究をしてきた日本ヒューマンファクター研究所の研究員が、総力を挙げてまとめたガイドである。人間の特性や疲労とストレス等を深く掘り下げるところから始めて、各所員の経験と見識に基づいた事故原因の分析、安全における現場力、安全管理等について、具体的な例を用いて、実に読みやすく述べられている。特にリスクと危機、ヒューマンファクターやヒューマンエラーについて、詳しく、わかりやすく解説している。そして、労働安全や安全文化にも言及しており、実に網羅的、体系的であるところに特徴がある。

ヒューマンファクターについて、これほど幅広く、包括的、かつ体系的に記述した書籍はあまりない。本書の内容は、安全に関係するすべての人に知ってほしい内容である。是非、多くの人にお読みいただき、それぞれの分野での安

全に対して、ヒントと、深く考えるきっかけを得てほしい。それに値する本であると自負している。

主な参考文献

第１章
F. ホーキンス　監修　黒田　勲（成山堂書店）ヒューマンファクター
黒田　勲（中央労働災害防止協会）ヒューマンファクターを探る
黒田　勲（中央労働災害防止協会）「信じられないミス」はなぜ起こる
日本ヒューマンファクター研究所（日科技連）品質とヒューマンファクター
ラリー. R. スクワイア、エリック . R. カンデル（著）小西史朗、桐野　豊（監修）（講談社）記憶のしくみ
釘原直樹（中央公論新社）人はなぜ集団になると怠けるのか
池田良彦　JIHF 研究会 2018　ハラスメントについて
桑野偕紀、前田荘六、塚原利夫（講談社）機長の危機管理

第２章
マーチン・ムーア・イード（講談社）大事故は夜明け前に起きる
西川泰夫（放送大学教育振興会）新版認知行動科学

第３章
J. リーズン（海文堂出版）ヒューマンエラー
J. リーズン、A. ホッブズ（日科技連）保守事故
J. リーズン（日科技連）組織事故
河野龍太郎（医学書院）医療におけるヒューマンエラー

第４章
ICAO（国際民間航空条約機関）国際民間航空条約、付属書第６
Kleitman, N.　Patterns of Dreaming.　Scientific American.1960
John A. Caldwell Jr. ,Lynn Caldwell　Aerospace Medical Association, Air Crew Fatigue Causes: Consequences and Countermeasures. 2005
John A. Caldwell Jr. ,Lynn Caldwell　Fatigue in Aviation, 2nd Edn. 2016
航空輸送技術研究センター　疲労に係わるリスク管理に関する調査研究報告書 2016
斉藤良夫（青木書店）疲労
大島正光（健康科学研究所）ヒトを深くみつめて
ヒューマンファクター勉強グループ（ブログ）ヒューマンファクター講座「疲れ」を科学する―睡眠
堤　邦彦（2007）講演集　ストレス、PTSD

第５章
MS&AD Insurance Group（インターリスク総研）リスクマネジメント規格
MS&AD Insurance Group（インターリスク総研）講演集　ストレス、PTSD

日本規格協会　IS Q 31000:2010　リスクマネジメント―原則及び指針
居相政充 ISO12100～リスクアセスメントおよびリスク低減の方法、（上、中、下）、安全と健康、Vol,17,No.4,5,6
吉住貴幸（訳）（日本 IBM　東京基礎研究所）オペレーションズ・リサーチ 2014 年 8 月号：レジリエンス工学入門 Safety-I から Safety-II へ

第 6 章

オランダ航空宇宙研究所　Safety Methods Database　2016
宇宙航空研究開発機構　ヒューマンエラー防止ガイドブック CGB-104013
経済産業省（原子力安全保安院）事業者の根本原因分析実施内容を規制当局が評価するガイドライン
経済産業省（原子力規格委員会）JEAC4111　原子力発電所における安全のための品質保証規程

第 7 章

International Critical incident stress Foundation　PTSD
Captain Dan Maurino. ICAO
THREAT AND ERROR MANAGEMENT（TEM）
ATA/FAA Human factors Taskforce　TEM and LOSA　Training
USC Aviation Safety and Security Program　TEM　Couese
米国航空局　FAA-H-8083-2 Chapter6「Single － Pilot Resource Management」
J. リーズン（日科技連出版）組織事故とレジリエンス
E. ホルナゲル（海文堂出版）Safety-Ⅰ& Safety-Ⅱ 安全マネジメントの過去と未来
E. ホルナゲル 他（日科技連出版）実践レジリエンスエンジニアリング―社会・技術システムおよび重安全システムへの実装の手引き
北村正晴　レジリエンスエンジニアリング：その展開と安全人間工学における役割
伊藤　守（デイスカヴァー・トゥエンティワン）コーチングマネジメント
鈴木義幸（デイスカヴァー・トゥエンティワン）コーチングが人を活かす

第 8 章

打川和男（秀和システム）ISO9001：2015 のすべてがわかる本
平川雄典（ナツメ社）基礎からわかる ISO9001:2015
日本産業標準調査会 https://www.jisc.go.jp/mss/qms/.html　品質マネジメントシステム
ウィキペディア https://ja.wikipedia.org/wiki　品質マネジメントシステム
あどばる経営研究所　www.addval.jp/image/　ISO9001,2015 規格解説
伊藤嘉博（早稲田商学第 434 号 2013.1）　わが国の品質管理実践革新の可能性と品質コストが果たす役割に関する考察
ISO9000 用語辞典編集員会（日刊工業新聞社）ISO9000 ファミリー用語辞典

第 9 章
ISO45001（労働安全衛生マネジメントシステム）
経済産業省　ホームページ「統計資料」「死亡災害発生状況」
経済産業省　ホームページ「統計資料」2018 年業種別死亡災害発生状況

第 10 章
原子力国際機関国際原子力安全諮問グループ　チェルノブイリ事故の事故後検討会議概要報告書
原子力安全委員会　原子力安全白書（平成 17 年）
中央災害防止協会　安全対策の費用対効果（調査研究情報（平成 12 年版））

用語索引1（五十音順）

用語索引２（略語、外国語、人名）

数字

A

B

C

D

E

F

H

I

J

K

執筆者一覧（監修者を除き、五十音順）

監修　西川 泰夫

執筆　池田 良彦

大橋 美恵子

垣本 由紀子

北野 達也

桑野 偕紀

田中 石城

塚原 利夫

廣瀬 義和

本江　 彰

松本 茂治

渡辺　 顯

渡利 邦宏

ヒューマンファクター
安全な社会づくりをめざして

定価はカバーに表示してあります。

2020年11月8日　初版発行
2022年1月18日　再版発行

編　者　日本ヒューマンファクター研究所
発行者　小川典子
印　刷　大盛印刷株式会社
製　本　東京美術紙工協業組合

発行所　株式会社 成山堂書店

〒160-0012　東京都新宿区南元町4番51　成山堂ビル
TEL：03(3357)5861　FAX：03(3357)5867
URL　http://www.seizando.co.jp

落丁・乱丁本はお取り換えいたしますので、小社営業チーム宛にお送りください。

Printed in Japan　ISBN 978-4-425-98531-9